YACIMIENTOS DE ARCILLA EN LA PROVINCIA DE GRANADA EXPLOTADOS ENTRE LOS SIGLOS XVI-XIX: CARACTERIZACIÓN FÍSICA Y PETROGRÁFICA

YACIMIENTOS DE ARCILLA EN LA PROVINCIA DE GRANADA EXPLOTADOS ENTRE LOS SIGLOS XVI-XIX: CARACTERIZACIÓN FÍSICA Y PETROGRÁFICA

Lucía Rueda Quero
Giuseppe Cultrone
Carmen Bermúdez Sánchez

INCLUYE INFORMACIÓN AMPLIADA EN CD ADJUNTO

GRANADA, 2024

Publicación financiada por el Proyecto de Investigación I+D+i, (HAR2012-239512): Proyecto Terránica, del Ministerio de Economía y Competitividad.

Depósito Legal: Gr. 874-2024
ISBN: 978-84-338-7436-8
Edita: Editorial Universidad de Granada
Diseño Cubierta: Tarma, estudio gráfico
Diseño Carátula CD: Tarma, estudio gráfico
Maquetación: Carmen Bermúdez Sánchez y Lucía Rueda Quero
Imprime: Gráficas la Madraza. Albolote. Granada.

Printed in Spain Impreso en España

A los Doctores:
D. Enrique Barahona Fernández
y D. José Luis Garzón Cardenete
por sus impecables investigaciones, que
han sido aportaciones imprescindibles
para la elaboración de este trabajo

No entiendes realmente algo a menos que seas capaz de comprender los aspectos más íntimos de su naturaleza. Si buscas la individualidad entenderás el todo.

L. Rueda y C. Bermúdez

ESTA PUBLICACIÓN RECOGE el aspecto fundamental de la composición de origen de los yacimientos de arcilla de la provincia de Granada, proporcionando información apreciable para el conocimiento de las características y propiedades de base de los mismos.

El interés que podría tener esta información, en nuestro caso, está directamente relacionado con el conocimiento de la materia prima y sus propiedades para la fabricación de materiales de construcción y el conocimiento de los suelos.

Los resultados de los análisis físico-químicos, o sea la caracterización, de los yacimientos históricos de arcilla de la provincia de Granada son de gran ayuda para la verificación de la calidad de un proyecto, de los materiales o suelos, entre otros, como empresa que somos de control de calidad de la construcción y obra pública, y que nos dedicamos a la realización de ensayos para determinar la calidad de los materiales, su correcta puesta en obra y, con ello, asegurar la calidad de las unidades de obra ejecutadas.

El interés es sin duda múltiple y muy recomendable para los profesionales que trabajan en este ámbito.

Sara Navarro García
Delegada de Granada
CEMOSA
CENTRO DE ESTUDIOS DE MATERIALES
Y CONTROL DE OBRA, S.A.

EN EL CAMPO DE LA INTERVENCIÓN sobre patrimonio inmueble con técnicas de construcción tradicionales, existen pocas referencias y estudios serios de caracterización de materiales, dedicados exclusivamente a la restauración. El barro suele ser uno de los materiales más variables, complejos y poco estudiados, y en cada construcción de cada municipio tienen una composición, comportamiento y propiedades diferentes.

Las tejas, los ladrillos, las cerámicas decorativas, azulejos, zócalos, terrazos, pavimentos... todos estos materiales constructivos y decorativos de barro tradicionales, antiguos y de exigida restauración deben ser reintegrados con piezas de características lo más similares posibles, y para ello necesitamos la información de la propia zona en la que fueron elaborados en el pasado.

Es por eso que este estudio exhaustivo y pormenorizado de los diferentes yacimientos históricos de arcilla de la provincia de Granada cubren un área de información muy útil y práctica para nuestro ámbito de trabajo. Nos permite conocer realmente las características de los productos de barro de las diferentes zonas y, por tanto, seleccionar el producto apropiado a cada restauración arquitectónica con técnica tradicional.

Sólo podemos desear que este tipo de estudios se amplíen al resto de provincias con la misma dedicación y claridad de resultados.

Ginés Méndez Valverde
C.E.O.
LORQUIMUR S. L. CONSERVACIÓN Y RESTAURACIÓN

ES CONDICIÓN OBLIGADA el concurso operativo interdisciplinar en los procesos de catalogación y autentificación artística dada la complejidad que acota dicha labor. Este sistema de trabajo integrador y técnico se orienta hacia el conocimiento diversificado y contrastado del objeto estudiado; un fundamento clave en cualquier juicio crítico donde sustentar una propuesta o confirmación de autoría o la cronología de una obra.

Si tradicionalmente dichos puntos se han apoyado en la validez de los métodos de investigación de la Historia del Arte (análisis estilístico, documental e iconográfico), hoy se suman con fuerza, por su total relevancia, los estudios de materialidad en la caracterización de los soportes de las obras de arte.

Un material que goza de plena autonomía y desarrollo artístico, con especial significación dentro de la disciplina escultórica, es el barro o arcilla. En este particular, el estudio de los yacimientos de arcilla de la provincia de Granada, fuentes de materia prima donde se abastecían artistas locales y foráneos, ofrece una aplicabilidad de información que nos aproxima a contextos que tratan sobre la propia génesis creativa y caracteres físicos de la obra de arte.

Al campo de la catalogación y autentificación, subrayar su más definitoria contribución en la resolución de las problemáticas en torno a la data y la geografía del material.

José Javier Gómez Jiménez
Historiador del Arte
Técnico de Patrimonio Histórico y Tasador de Arte

LA CARACTERIZACIÓN FÍSICO-QUÍMICA de los yacimientos históricos de arcilla de la provincia de Granada nos parece muy interesante, ya que consideramos que es imprescindible, antes de iniciar una intervención, realizar un estudio composicional y textural de los distintos materiales presentes en la obra. En el caso de las terracotas, este estudio nos aportará datos de su localización geográfica por correlación con las muestras estudiadas de las piezas a intervenir, así como los deterioros a los que son susceptibles. Éstos son datos fundamentales a la hora de decidir los tratamientos y productos a utilizar en la conservación de dichos materiales.

De todo ello se deduce que es fundamental el estudio analítico previo en toda intervención de restauración, ya que nos ofrece unos conocimientos que nos permiten plantear los procedimientos, así como nos aporta la garantía de estar actuando de la manera más adecuada, lo que al fin y al cabo, redunda en el resultado final y su futura conservación en un período de tiempo.

Julia Ramos Molina
Restauradora de Bienes Culturales
JULIA RAMOS RESTAURACION DEL PATRIMONIO S.L.

CUANDO UN BIEN CULTURAL entra en una institución para su custodia, estudio, conservación y difusión adquiere además un nivel de protección superior por la incontestable importancia que emana de su autenticidad.

Determinar la procedencia y el contexto de los bienes culturales son aspectos fundamentales en el estudio, correcto conocimiento y apreciación del patrimonio. El objetivo último es identificar, documentar su historia de la manera más completa posible, determinar su relevancia y comunicarla de forma que pueda ser accesible a todos los niveles; desde el más científico al más divulgativo.

El proceso comienza con el intento de precisar el origen de los materiales utilizados para su manufactura, es decir, la caracterización de las materias primas. Es además importante la comprensión de su proceso de fabricación, así como su uso y significado. La vida de un bien es más o menos larga y el interés radica en que a lo largo de su existencia va acumulando evidencias que le hacen merecedor de ser conservado como parte de la memoria de la humanidad. La documentación de ese proceso no es sencilla, hay muchos profesionales de diferentes disciplinas implicados y su relación y coordinación se hace imprescindible.

Esta publicación nos recoge el aspecto fundamental de la determinación del origen, proporcionándonos la descripción de la planificación, metodología científica y procedimientos utilizados para el conocimiento de un contexto muy importante de nuestro patrimonio cultural. La información obtenida es muy relevante y tendrá mucha importancia en la conservación y restauración de muchos bienes, en su registro e identificación, así como en la comprensión de su significado.

El interés es sin duda múltiple y muy recomendable para los profesionales que trabajan en el ámbito del patrimonio.

Isabel García Fernández
Museóloga
Universidad Complutense de Madrid

EL ESTUDIO DE LA CULTURA MATERIAL del pasado ha sido siempre esencial para caracterizar las culturas y los grupos humanos, no sólo en el caso de la Prehistoria sino también cuando se cuenta con fuentes escritas. Hace ya varias décadas, estos estudios se nutren del concurso de otras ciencias, en lo que se viene denominando Arqueometría.

En el caso de materiales cerámicos, diversas técnicas se aplican para caracterizar e intentar averiguar la procedencia de estos materiales y se han realizado analíticas puntuales que contrastan hipótesis de partida muy específicas. Con trabajos como éste, en el que se efectúan analíticas sistemáticas de identificación de depósitos de arcilla en un extenso territorio de la provincia de Granada, se da acceso a los profesionales de la arqueología e historiadores a una colección de muestras que permitirá establecer la relación entre producciones cerámicas, talleres y fuentes de aprovisionamiento de la materia prima.

La caracterización de los depósitos de arcillas es una herramienta indispensable para poder identificar la procedencia de un material tan representativo y tan abundante como la cerámica, elemento básico de la cultura material de los pueblos de la península en los últimos 6.000 años, facilitando así conocer las vinculaciones en cada momento con sus territorios circundantes: movimientos de población estacionales, relaciones comerciales, económicas y culturales.

El ´trabajo que se presenta aquí podrá ser utilizado para contrastar información de analíticas realizadas sobre materiales cerámicos de excavaciones antiguas, pero también posibilita plantear nuevos estudios más ambiciosos. Además, invita a seguir avanzando en este tipo de estudios para completar y ampliar la muestra de yacimientos de arcilla.

Trabajos como éste nos permiten seguir avanzando en el conocimiento de nosotros mismos y de nuestras culturas.

Jesús Bermúdez Sánchez
Arqueólogo. Técnico de Patrimonio Histórico
Comunidad de Madrid
María Perlines Benito
Arqueóloga. Técnica arqueóloga JCCM
J.S. Museos, Exposiciones y Difusión del Patrimonio Cultural. JCCM

Prólogo

ACEPTADA LA IMPORTANCIA que tiene el soporte material en el proceso de deterioro de cualquier tipo de bien cultural, se hace imprescindible conocer sus características y propiedades. Éste es el caso de la arcilla, material de base para una gran cantidad de producción artística, patrimonial y etnológica, que hasta el momento adolecía de una investigación tan detallada y profunda como la que se recoge en esta publicación.

Teniendo en cuenta la abundancia de yacimientos arcillosos de la provincia de Granada, y la diversidad de usos y aplicaciones a lo largo de la historia que se ha dado a este material, resultaba imprescindible el estudio completo y sistemático de sus localizaciones y de sus orígenes. Era esencial disponer de una base de conocimientos de estos yacimientos que permita establecer sus características comunes y sus diferencias composicionales, que constituya una suerte de catálogo que habilite, incluso, para fijar de manera fiable la procedencia de una obra determinada, mediante la comparación con el catálogo que se presenta en este libro.

Los autores desde su formación científica uno y humanística las otras como restauradoras del arte, han abordado estos estudios aunando procedimientos y metodologías más propios de las ciencias experimentales, y con ello se ha puesto de manifiesto que la sinergia de un esfuerzo multidisciplinar coordinado en la Restauración y Conservación del Patrimonio Cultural es el planteamiento más lógico y eficaz.

La publicación que el lector tiene entre sus manos es un compendio de una parte sustancial del trabajo de investigación que se formalizó en la Tesis Doctoral de Lucía Rueda Quero bajo la dirección de los Doctores Giuseppe Cultrone y Carmen Bermúdez Sánchez, y representa el mejor ejemplo de que los esfuerzos aunados con perseverancia y amplitud de miras proporcionan una gratificante recompensa. Con esta investigación se demuestra la fuerte vocación investigadora de personas que atesoran una formación, una experiencia y un rigor profundo. Sus estudios sobre esculturas policromadas avalan estas opiniones justificadamente. Esta tipología de esculturas, consideradas a veces a modo de *"arte menor"*, que adolecían hasta el momento actual de una investigación detallada, además de una carencia casi total de documentación y referencias acerca de su métodos de fabricación y de todos los aspectos relativos a su constitución matérica, que en definitiva es aquello que condiciona decisivamente su alteración y, por tanto, su pervivencia en el tiempo.

En esta obra se abordan de manera extensa la localización así como los estudios químicos, físicos y mineralógicos de una gran cantidad de yacimientos arcillosos utilizados históricamente entre los siglos XVI-XIX, lo cual establece una base de información muy útil y oportuna para las áreas de la arqueología, de la restauración e incluso las del ámbito de la historia del arte.

Es destacable el hecho de que este trabajo de investigación ha conseguido un notable logro gracias a la labor conjunta y coordinada de dos departamentos y disciplinas, a priori, muy alejadas, como son el Departamento de Escultura (Dra. Carmen Bermúdez) y el Departamento de Mineralogía y Petrología (Dr. Giuseppe Cultrone) ambos de la Universidad de Granada. Estos dos profesores, con sus aportaciones y contrastada experiencia investigadora en ámbitos del conocimiento tan dispares, han confirmado, con la culminación de esta memoria, la idoneidad y la eficacia del trabajo coordinado de los equipos multidisciplinares.

Eduardo Sebastián Pardo
Catedrático de Universidad
Departamento de Mineralogía y Petrología
Universidad de Granada

Introducción

CASI TODAS LAS CULTURAS han hecho uso del barro desde la Prehistoria, a partir del Paleolítico Superior con unos 20.000 años de antigüedad, y en unas culturas con más tradición y profusión que en otras. La fabricación y especialización de objetos y materiales pervivieron en mayor o menor número fluctuando según el asentamiento de los alfareros y, por supuesto, la proximidad a grandes explotaciones arcillosas de calidad. Ello puede traducirse como una mayor especialización y perfeccionamiento de las técnicas de horneado y modos de producción alfarera de los talleres individuales, que irán cediendo paso a talleres de producción más compleja. Ésta parece ser una de las bases de mayor peso que justifican en la provincia de Granada la continuidad de la elaboración y su profusión y que deriva en el perfeccionamiento de esta producción: la riqueza y cantidad de afloramientos de tierras arcillosas.

Hay que señalar que, a pesar de la apariencia de regularidad con la que parece asentarse la producción alfarera y cerámica en la provincia de Granada, no existe a día de hoy constancia documental de ello de manera generalizada y continuada a partir de descubrimientos y estudios arqueológicos. Si bien la evolución marca unas tendencias generales, no puede considerarse lineal ni constante en unas mismas zonas desde un principio. Probablemente lo que parece reflejar este cambio es, entre otros, que la producción autóctona aumenta o disminuye proporcionalmente a la frecuencia de las piezas traídas de otros puntos, o con otras influencias, hasta asentar unos talleres de producción estable, algo que se hace más evidente en nuestra provincia entre los siglos VI al XI. A medida que avanza el tiempo las piezas encontradas en yacimientos arqueológicos tienden a concentrarse en torno a zonas determinadas, a desaparecer en unas y a aparecer marginalmente en otras. La mayoría relacionadas a producciones asociadas con actividades de la manufactura doméstica y elementos constructivos. Por poner algún ejemplo, tenemos los descubrimientos arqueológicos del Cerro de los Infantes, en Pinos Puente, donde se descubrió un horno alfarero que habría estado en activo durante los siglos VII-VI a. C.; o la crátera de campana de figuras rojas de la cultura ibérica, datada en el siglo IV a.c. en la zona de Baza,… o las piezas encontradas a lo largo de toda la Vega de Granada como el Cerro de la Solana de la Verdeja, el Cerro del Molino del Tercio, Cerro del Sombrerete, Pago de los Tejoletes, … Algunos de los núcleos con talleres se extinguen en unas zonas mientras en otras perviven todavía, como son los de Almuñecar, Motril, Alhama de Granada, Loja, la propia capital o Guadix, donde encontramos, por ejemplo, los cántaros tradicionales, las orzas y las llamadas jarras accitanas (llamadas así por la ciudad romana de Acci). En definitiva, podemos apreciar la evolución, seguimiento y constatación de la existencia de talleres y alfares que queda reflejada desde la enorme producción expuesta en el Museo Arqueológico Provincial hasta la colección de arte costumbrista del XIX en el Museo Casa de los Tiros, ambos en Granada. El uso que se hace de la cerámica es principalmente doméstico y para el sector de la construcción, ladrillos, tejas, azulejos y todo tipo de complementos, si bien hay paralelamente una gran producción de otro tipo de trabajos más especializados y enfocados a la producción artística, de mayor profusión en los siglos XVI al XIX.

Lo que parece muy posible es que la tradición y el trabajo del alfarero de manera continuada en la provincia de Granada se remonte incluso antes de la época medieval, apareciendo una producción bastante asentada y especializada a partir del siglo VI. Esto se constata, entre otros, por el impresionante Alfar Romano ubicado junto al río Beiro en los terrenos del Cercado Alto de Cartuja, un importante complejo de producción datado entre los siglos I y mediados del II d.n.e. con estructuras documentadas de espacios de trabajo, de preparación y almacenamiento de arcillas, canalizaciones de suministro hidráulico, puntos de vertidos, y más de diez hornos de distintos tamaños y orientaciones[1], lo más parecido a una explotación industrial de nuestros días.

[1] MORENO PÉREZ, ORFILA PONS, SÁNCHEZ LÓPEZ (2017) pág.24.

Miremos por donde lo miremos, la historia de la provincia de Granada está ligada al mundo de la alfarería desde antes de la llegada de los musulmanes que, aunque traen su propia forma de producir y elaborar piezas, parece razonable que hagan uso de la materia prima y los hornos de los alfareros que ya estaban asentados en Granada e intercambiasen maneras de trabajar. Cuando la cerámica nazarí de reflejos metálicos, considerada como una de las piezas cumbre de la cerámica esmaltada, llega desde el reino nazarí hacia el siglo XIII a la zona de Paterna y Manises, ya salían de los hornos de Granada los espectaculares jarrones de la Alhambra de dos asas planas[2]. La excepcional forma de trabajar confirma que, aunque el mayor auge de producción cerámica parece darse en los siglos de la dominación musulmana, ya existían previamente una tradición y gran experiencia asentadas que continuará tras la reconquista, aunque con esos altibajos ya mencionados.

En Granada capital, ocurre más o menos igual que en el resto de la provincia, aunque solo está constatada por ahora la existencia de los primeros alfares y hornos desde el siglo XI en uno de los barrios más antiguos: el barrio del Realejo, un barrio ubicado extramuros siguiendo el eje de la actual calle Santiago, el Arrabal de los Alfareros[3], y en el Campo del Príncipe, además del mencionado anteriormente Alfar Romano de Cartuja en el cinturón. Estos alfares fueron creados al amparo de la acequia Gorda o a un ramal de ésta, la acequia de las Tinajas, que debió ser construida por las mismas fechas. También podemos constatar otro núcleo importante en el barrio del Albaicín, cuyo origen se remonta al siglo XVI, y que pervive hasta la actualidad[4].

La abundancia de yacimientos de arcilla existentes en la provincia de Granada y su dilatada aplicación en todos los campos a lo largo de la historia (arqueología, arquitectura, artesanía y obra escultórica), justifica la necesidad de conocer en profundidad sus características. Sin embargo, hasta la fecha no se han prodigado los estudios de estos yacimientos, sus

---

[2] https://espanafascinante.com/lugares/pueblo-medieval-castillo/ [07/02/2024].
[3] RODRÍGUEZ AGUILERA (2023), pág.36.
[4] RODRÍGUEZ y BORDES (2001), pág. 3.

características y propiedades, que hacen de la manufactura y producción alfarera granadina algo tan característico y en muchos casos distintivo de la zona. Incluso en la actualidad pervive en ciertos tipos y tipologías de manufacturas y acabados. Algunos estudios básicos solo los podemos encontrar en el espléndido trabajo que realiza BARAHONA (1974), del que cualquier estudioso en este campo debe partir por ser el más significativo referente de la provincia. Nosotros hemos ido un poco más allá profundizando y aumentando los estudios de los yacimientos ya localizados por este investigador, actualizando su localización y estado de explotación y ampliado el número de yacimientos muestreados. Por supuesto, los estudios analíticos llevados a cabo sobre todos ellos son más amplios y rigurosos, no solo por nuestro interés en profundizar aún más en los estudios de las características y propiedades de los mismos, también por contar con la técnica e instrumental necesarios, y de los que en la época de la publicación de este autor no se disponía.

El uso y la explotación del barro, como se ha comentado, ha sido muy importante por toda la geografía granadina, al ser muy abundantes los yacimientos superficiales de tierras arcillosas. GARZÓN (2004) en su estudio sobre la fajalauza granadina actual centra su atención en la zona geográfica ubicada al noreste de la capital, al ser la de más extensa formación arcillosa y mayor tradición de explotación. Esta zona es también señalada por RODRÍGUEZ Y BORDES (2001) como el centro alfarero principal a partir del siglo XVI: especialmente los barrios de Albaycín, Cartuja y San Isidro[5], abastecidos desde los yacimientos de Víznar, El Fargue, Beiro y Jun, donde de hecho aún se conservan nombres de calles como "Ronda de los alfareros" o "Calle Fajalauza", y donde han sido documentados talleres y fábricas hasta nuestros días. Había otro centro alfarero en la zona de El Realejo[6], abastecido desde los

---

[5] Una amplia y completa relación de todas las explotaciones y alfares presentes en estos barrios de los siglos XVI-XVIII la hace GARZÓN (2004), continuando con los alfares actuales.
[6] RODRÍGUEZ y BORDES (2001); VILLANUEVA RICO (1961).

yacimientos del Monte de los Mártires[7] (lindando con el Cerro de las Barreras[8]) y Cuevas de Ravé[9], que hacia mediados del siglo XVI ya estaba en franca decadencia, trasladándose los alfareros a los barrios antes mencionados.

La determinación de los yacimientos a estudiar es muy importante ya que en ello radica su visibilidad histórica, por lo que la recopilación y cotejación de documentación específica es esencial. A partir de aquí, es indispensable su actualización, tanto del estado de explotación, como de sus datos históricos y localización exacta por coordenadas mediante la aplicación de los Sistemas de Información Geográfica, estructurando los yacimientos según ubicación y poblaciones de abastecimiento, y diferenciándolos según los usos y aplicaciones que se han venido dando a las arcillas tradicionalmente, en función de sus características e idoneidad.

La importancia de la investigación de los yacimientos estudiados en estos siglos se ve corroborada no sólo por la abundante presencia de artesanos alfareros, sino también por el hecho de que los artistas barristas granadinos más importantes (Hnos. García y Fray Luis de Santiago en el siglo XVII, o José Risueño en el XVIII) vivían en torno a estos mismos barrios[10]. De ahí que se hayan seleccionado como yacimientos más probables de extracción de arcillas aquellos que, según estudios históricos, eran más explotados por su calidad: Camino de Víznar, Camino Viejo de El Fargue, alrededores del Río Beiro y Canteras de Jun. También se ha identificado la ubicación aproximada de las zonas de extracción más antiguas, como Cerro de las Barreras y Cuevas de Ravé, procurando un material de comparación temporal, precisamente al haber confirmado un cambio de ubicación de talleres coincidiendo con el cambio de siglo XVI al XVII.

---

[7] CANO PIEDRA y GARZÓN CARDENETE (2004).
[8] GARCÍA-PULIDO (2013).
[9] CANO PIEDRA y GARZÓN CARDENETE (2004).
[10] Más información en SÁNCHEZ-MESA (1971); OROZCO DÍAZ (1956, 1941 y 1936).

La utilización de productos elaborados a partir de arcilla son muy abundantes en todos los ámbitos y a lo largo de la historia: patrimonio construido, alfarería, ajuar doméstico, ornamentación, artes y artesanías populares, escultura... Esto implica que sea un material habitualmente investigado en campos como la arqueología, centros tecnológicos para materiales de construcción o conservación de bienes muebles e inmuebles. Sin embargo, por lo general no se tiene información de comparación de la materia prima de rigen, además de que no todos los estudios que se llevan a cabo realizan análisis tan detallados como los que aquí exponemos, ni se han aplicado integralmente sobre los posibles yacimientos de origen de la provincia de Granada. El objetivo perseguido con este trabajo es, por lo tanto, la caracterización mineralógica, textural, mecánica y física de los afloramientos arcillosos explotados entre los siglos XVI al XIX. Esto supone un avance de gran interés al proporcionar una información más pormenorizada sobre los diferentes yacimientos de esta provincia, haciendo especial referencia a los explotados históricamente.

Nuestra aportación es, sin duda, imprescindible desde distintos puntos de vista. Hemos comenzado con la actualización y localización de los yacimientos de los que se han encontrado referencias escritas a lo largo de la historia y actuales, y tanto desde el punto de vista geográfico y mineralógico como histórico-artístico, relacionando la información existente referente a la localización de los distintos afloramientos y su estado de explotación. A partir de este punto, hemos extraído de cada yacimiento muestras de material de diferentes estratos, en diferentes niveles de profundidad y de distinta tipología de arcilla si se ha dado el caso. Con todas las extracciones se han elaborado las correspondientes probetas que se han sometido a distintos grados de cocción, reservando probetas en crudo. En todas se ha llevado a cabo un complejo estudio de las características físicas y compositivas, lo que ha supuesto el grueso principal de esta primera etapa de la investigación, centrándonos en los estudios para su caracterización mineralógica y conocer la composición específica de cada yacimiento, principales características físicas y químicas, posibles elementos en traza de clara influencia en su evolución material y cualquier dato estructural o de comportamiento que, en definitiva, pudiera resultar de interés para las aplicaciones y usos de esta materia prima. En un segundo paso, y teniendo conocimiento de la existencia de oro en esculturas construidas[11], hemos intentado localizar las posibles zonas de origen de otros yacimientos, aún no referenciados bibliográficamente, como en el caso de la Zona Este (BC, BE y Cerro del Oro), sobre la que se ha sólo iniciado la investigación.

Destacar la importancia que puede derivarse de los resultados obtenidos, no sólo en la clasificación y muestreo de cada yacimiento, incluidos los estudios para yacimientos aún en explotación en la actualidad para uso tecnológico, también su aplicación en el campo de la historia y los procedimientos técnicos y evolutivos, relativos tanto al punto de vista de la conservación y conocimiento del Patrimonio histórico-artístico, como arqueológico, arquitectónico o de artesanía.

En una primera selección se han establecido los siguientes estudios:
- Análisis mineralógico y textural: Difracción de rayos X, Microscopía electrónica de barrido (muestra total y fracción arcilla), Microscopía óptica de polarización
- Análisis químicos: Fluorescencia de rayos X y Microanálisis por energía dispersiva de rayos X
- Ensayos físicos: Ensayos hídricos, Porosimetría de inyección de mercurio, Permeabilidad al vapor de agua, Propagación de ondas ultrasónicas, Espectrofotometría. , Contracción lineal, Pérdida de peso y Agua de amasado.

En función de los resultados a obtener, la sensibilidad y precisión de los mismos (cuantitativos o cualitativos), así como el grado de destrucción de muestra que conlleva cada estudio y su posible contaminación para los siguientes ensayos, se determinan los análisis a efectuar y su orden de realización. Y, en todo caso, proponemos su orden y selección atendiendo a que puedan ser aplicados sobre piezas históricas para posibles estudios comparativos y de evolución material, donde habrá que tener en cuenta que algunos son destructivos, por lo que hay que

---

[11] BERMÚDEZ et alii (2016), CULTRONE et alii (2017).

considerar primeramente cómo se ordenarían en una pieza histórica real para aplicarlos de igual manera sobre el supuesto o probeta realizada a tal efecto. Siempre entendiéndolos de manera parcial, ya que su completa interpretación vendría dada una vez finalizados todos los análisis y elaborados los correspondientes estudios comparativos ajustándolos de manera individualizada según cada yacimiento y no según cada método de estudio, que es como en este trabajo se especifican. Estos resultados, por tanto, ponen de manifiesto la oportunidad y eficacia de lo que puede ser el resultado final, cuando se extrapolen de manera individualizada.

El rigor de este estudio arroja datos sobre la tipología de la tierra arcillosa extraída, información histórica sobre su explotación y un completo estudio de calidad tecnológica. Así mismo, al analizar probetas con diferentes grados de cocción, se aportan referencias completas sobre su comportamiento a diferentes temperaturas y su posible relación con su evolución material.

La investigación se ha centrado, por tanto, en la caracterización de las tierras arcillosas y su composición específica, características químicas y físicas, evolución mineralógica tras la cocción y datos estructurales, de comportamiento o compositivos que resulten de interés, como la posible localización de elementos marcadores que relacionen piezas históricas con determinadas explotaciones.

La caracterización completa de los yacimientos de tierras arcillosas de la provincia de Granada, que se ha podido realizar sobre 24 yacimientos, nos permite conocer las características comunes de arcillas de alfarería y construcción, así como aseverar sus diferencias. Con esto se posibilita relacionar geográficamente los productos elaborados e, incluso, apoyar una posible autoría en obras de arte o su relación material con una procedencia geográfica.

El grueso de este estudio es producto de una parte de la Tesis Doctoral de la Dra. Lucía Rueda Quero[12]. Los estudios han sido actualizados y ampliados, incorporando nuevos yacimientos a los referidos en ella.

[12] RUEDA QUERO, L. (2016): *Propuesta y establecimiento de un protocolo de actuación para el estudio de la terracota….* Tesis Doctoral. Universidad de Granada.

Este trabajo ha sido desarrollado en el marco del Proyecto Terránica (HAR2012-239512) del Ministerio de Economía y Competitividad de España, quedando demostrada y definida su precisión, asequibilidad e idoneidad, y aportando una serie de datos e información fiel y completa en todos sus aspectos.

Los resultados obtenidos se reflejan de manera integral en el CD adjunto con el objeto de que se pueda acceder a ellos más fácilmente y darles una mayor difusión. De igual manera, cada usuario puede extraer la información según precise, y realizar los estudios comparativos de manera individualizada y/o aleatoria.

1. Localización de yacimientos

LA SELECCIÓN DE YACIMIENTOS se ha llevado a cabo a partir de aquellos documentados de uso histórico en la provincia de Granada. La información de la que se ha partido, además de considerar su explotación en los siglos XVI-XIX, trata de localizar geográficamente áreas en las que sus arcillas hubieran sido utilizadas con fines patrimoniales.

El primer paso a seguir es tratar de ubicar los posibles yacimientos de arcillas originales, en principio para conocer los métodos particulares (si los hubiera) de extracción y tratado de las arcillas según localidades, y fundamentalmente para caracterizar sus propiedades; para ello, se atenderá a varios factores antropológicos y geológicos que nos guíen hacia los yacimientos más explotados en el pasado, estableciendo una clasificación según probabilidades, donde los datos más importantes de los que partir los aportan los propios talleres barristas, escultores y ceramistas de la provincia, y son éstos: el rango de tiempo de creación y el espacio geográfico de creación de las piezas.

La cantidad de yacimientos de sedimentos arcillosos es muy abundante en la superficie terrestre, sin embargo la cantidad que ha sido tradicionalmente explotada para la extracción de este material se reduce atendiendo a factores tales como la envergadura del yacimiento, su accesibilidad, la calidad del barro extraído y, por tanto, la necesidad de mayor o menor preparación previa.

Para asegurar la procedencia local del material de base, se ha atendido, a la hora de fijar los posibles yacimientos históricos, a aquellos que hayan sido abundantemente utilizados en época preindustrial, que no precisaron de maquinaria de extracción, donde la propia praxis de la creación cerámica haya fijado siglo tras siglo la tecnología más apropiada, los aditivos que precisa o las particularidades en su uso.

Dentro de todos ellos, se han priorizado los que se sitúan más cerca de la localidad en que se ubicaban en el pasado distintos artistas o talleres barristas de renombre, comprendiendo que, por mera economización de recursos, se suelen usar los yacimientos más próximos al lugar de realización de la pieza, donde también se ubicarían los hornos. En este aspecto, se ha acotado la búsqueda atendiendo a la ubicación de fábricas de material de construcción, talleres y artistas de mayor relieve, y de los que históricamente se tiene constancia de su emplazamiento, circuns- cribiéndonos, por tanto, al entorno más próximo a Granada capital o poblaciones de la provincia de tradición alfarera, sobre todo en su zona norte y noreste de la provincia y algún yacimiento más desplazado hacia el sur.

Los yacimientos seleccionados se han agrupado según cuatro zonas principales: Granada capital, zona norte del cinturón de la capital, zona este y zona sureste (fig. 1). Todos estos materiales se encuentran en dos cuencas neógeno-cuaternarias de la Cordillera Bética, la Cuenca de Granada y la Cuenca de Guadix[13], si bien sus características petrográficas son bastantes diferentes, lo que se irá comprobando a lo largo de este trabajo.

Figura 1. Ubicación de los yacimientos de alfarería y de construcción localizados en la provincia de Granada.

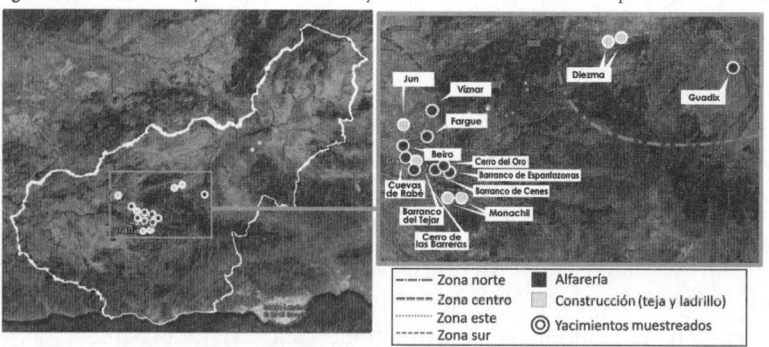

Los yacimientos muestreados para este trabajo están marcados con un círculo en blanco. Imagen extraída de Google, Instituto Geográfico Nacional, ©2015.

[13] Para enmarcar geológicamente estas zonas consultar VISERAS et alii (2004b y 2005); SORIA y VISERAS (2008) y CD adjunto.

1.1. GRANADA CAPITAL

Tanto tradicionalmente como en la actualidad la mayoría de establecimientos y fábricas dedicados a la explotación y tratado de las arcillas se ubican en las proximidades de Granada capital, donde siempre ha existido un mercado más importante, habiendo también afloramientos de calidad en el norte (Baza, Guadix, Diezma) y zona sur de la provincia (Monachil, Motril). Otra documentación hace referencia a posibles extracciones en los lavaderos de las minas de oro en la zona Este, próxima a las poblaciones de Cenes de la Vega-Pinos del Genil[14] (Barranco de Espantazorras, Cerro del Oro, Barranco de Cenes).

Tanto GARZÓN (2004) como BARAHONA (1974) en sus respectivos estudios sobre los yacimientos más explotados para la fajalauza granadina y la construcción, destacan las zonas geográficas ubicadas al noreste de la capital, al ser las de más extensa formación arcillosa y mayor tradición de explotación. También RODRÍGUEZ y BORDES (2001) señalan principalmente como centros alfareros a partir del siglo XVI los barrios de Albaycín, Cartuja y San Isidro[15] abastecidos desde los yacimientos de Víznar, El Fargue, Beiro y Jun. Curiosamente aún se conservan nombres de calles como "Ronda de los alfareros", "Calle Fajalauza" o "Calle Tejares" donde han sido documentados talleres y fábricas desde el siglo XVI a nuestros días. Había otro centro alfarero previo en la zona de El Realejo[16], abastecido desde los yacimientos del Monte de los Mártires[17] (lindando con el Cerro de las Barreras[18]) y Cuevas de Ravé[19], que hacia principios-mediados del siglo XVI estaba en

---

[14] GARCÍA PULIDO (2013).

[15] Una amplia y completa relación de todas las explotaciones y alfares presentes en estos barrios de los siglos XVI-XVIII la hace GARZÓN (2004), continuando con los alfares actuales.

[16] RODRÍGUEZ y BORDES (2001); VILLANUEVA RICO (1961).

[17] CANO PIEDRA y GARZÓN CARDENETE (2004).

[18] GARCÍA-PULIDO (2013).

[19] CANO PIEDRA y GARZÓN CARDENETE (2004).

franca decadencia, trasladándose los alfares a los barrios antes mencionados.

La importancia de la investigación de estas zonas se ve corroborada no sólo por la abundante presencia de éstos, sino también por el hecho de que los artistas granadinos más importantes que hacen uso del barro (Hnos. García o Fray Luis de Santiago en el siglo XVII, o José Risueño en el XVIII) vivían próximos a estos barrios[20], lo que también ha contribuido en la selección de yacimientos, junto con otros más probables de extracción de arcillas que, según estudios históricos, eran más explotados por su calidad o abastecían a la ciudad de Granada hasta el siglo XVI-XVII dado su alto rendimiento, compartiendo materiales con los yacimientos anteriormente mencionados (Camino de Víznar, Camino Viejo de El Fargue, alrededores del río Beiro y canteras de Jun).

También se ha identificado la ubicación aproximada de otras zonas de extracción más antiguas, como Barranco del Tejar, Cerro de las Barreras y Cuevas de Ravé, procurando un material de comparación temporal, precisamente al haber constatado el cambio de ubicación con el cambio de siglo XVI al XVII. Aludiendo nuevamente a la posible extracción de tierras arcillosas de los lavaderos de las minas de oro en la zona este (Barranco de Espantazorras, Cerro del Oro, Barranco de Cenes) para mezclar con otros yacimientos, éstos se han tenido en cuenta y extraído alguna cantidad de muestra para comprobar esta hipótesis, ya que, efectivamente, se han encontrado esculturas en terracota pertenecientes al siglo XVII-XIX con presencia de trazas de oro[21].

BARRANCO DEL TEJAR: Coordenadas 37°10'21"/-3°34'47.1". Este yacimiento, perdido hace tiempo, y seguramente dedicado a la extracción de arcillas para la construcción como su propio nombre indica, se ubica en el borde sur del camino que comunica el cementerio de San José con el Suspiro del Moro, junto a la intersección del Tramo de Unión.

---

[20] Más información en SÁNCHEZ-MESA (1971); OROZCO DÍAZ (1956, 1941 y 1936).
[21] CULTRONE et alii (2017); RUEDA QUERO (2016); BERMÚDEZ SÁNCHEZ et alii (2015).

En este yacimiento no encontramos una zona de extracción diferenciable. No obstante, nos guiamos por la escorrentía de agua que forma, al fondo del barranco, una zona de decantación y depósito que bien podría haber sido utilizada en su día como charca de pudrición. Todo el barranco tiene gran abundancia de arcillas rojas. Para comprobar las posibles diferencias de calidad y componentes entre el propio barranco, de estructura muy arcillosa, y la zona de decantación, se opta por tomar muestras de ambas localizaciones.

Ninguna información tenemos sobre la calidad o textura de esta arcilla, si bien entendemos que, por la nomenclatura del propio barranco, su uso fue para la elaboración de tejas.

CAMINO DE VÍZNAR: Coordenadas -3º34'22"/37º12'32". Esta cantera se ubica en el borde norte del Camino de Víznar (GR-3102) a 2,8 km de distancia del cruce entre dicha carretera y la que une Granada con Alfacar (GR-3103).

Por lo que se sabe, la cantera tradicional se viene explotando desde hace más de dos siglos; primero en la zona de Haza Negra, desde principios del siglo XIX, y posteriormente en su ubicación actual por el propietario del Cortijo de Arquillo. A él venían a comprar desde la capital muchos artistas y alfareros por la calidad de su materia prima[22].

El único tratamiento que recibía dicha arcilla era el deszajelado, a través de arroyuelos artificiales dirigidos hasta grandes charcas de almacenamiento. Aquí, cambiando el agua diariamente durante un mes aproximadamente, se pudría y decantaba la arcilla; y, tras el cuajado, se extraía y amasaba antes de ponerla a la venta.

Esta arcilla resultaba muy plástica, muy buena para trabajarla, pero con demasiada contracción durante el secado y las consecuentes fisuras. Es por esto que a menudo se mezclaba con la de El Fargue o con la de Beiro para conseguir una estabilidad adecuada. Debido a sus

---

[22] Conversación con D. Francisco Castillo Siles, actual propietario de la fábrica Cerámicas San Francisco.

características especiales, Garzón Cardenete contempla que se mezclaba con otras arcillas para mejorar sus propiedades[23].

CAMINO VIEJO DE EL FARGUE: Coordenadas -3º35'25"/37º12'11". Se ubica por la antigua Carretera de Murcia (A-4002), dirigiéndose hacia la calle Fajalauza, a Camino Viejo de El Fargue y desviándose por la Calle Olivo. Al final de esta calle hallamos una gran explanada, apreciándose el corte que se correspondería con lo que en su día sería una montaña más del barranco. Antaño fue ampliamente explotada y en la actualidad se encuentra agotada.

Todo el lateral del barranco es de la misma composición, por eso ha sido utilizada en grandes cantidas para abastecer a las alfarerías de Granada. Como la de Beiro, esta arcilla tiene muy poca plasticidad y, por tanto, muy bajo grado de contracción durante el secado. Solía ser mezclada con otras más plásticas para el trabajo artístico[24].

CANTERAS DE JUN: Coordenadas -3º35'11"/37º13'27". Siguiendo la Carretera Granada-Alfacar (GR-3103), en el desvío hacia el norte, a 500 m después de la salida hacia la Urbanización Cortijo de Baltodano. Aquí ya se aprecia la zona de extracción, aunque el frente más antiguo se encuentra siguiendo ese desvío 250 m más al norte.

Actualmente sigue en explotación, habiendo adquirido una envergadura importante, y extrayéndose materia prima en toda la montaña en sus dos flancos. La zona de extracción tradicional y más antigua data de mediados del siglo XVIII. Este frente tiene tres vetas bien definidas con características visuales muy diferentes que originalmente se mezclaban para su uso. Sus propiedades ya se aprecian a simple vista: un pequeño arroyo natural deszajela el material de la montaña en todo su frente, desmenuzándolo desde aquí hasta la charca artificial al fondo de la montaña.

CERRO DE LAS BARRERAS: Coordenadas 37º10'15"/-3º34'55". Se ubica en el lado oeste de la Avenida Santa María de la Alhambra, a la altura del cementerio de San José.

---

[23] GARZÓN CARDENETE (2004), p. 170.
[24] Idem.

Este yacimiento, dentro de la misma capital, es el que en la bibliografía consultada se refiere como *"...uno sobre el Monte de los Mártires"*[25], y documentado su uso como zona de extracción de *"alpañata de gran calidad"*[26]. Está perdido hace tiempo, siendo ésta la única información que tenemos. Por su finura y calidad se puede desprender que se utilizaba, incluso, para trabajos de mayor delicadeza como piezas escultóricas.

CUEVAS DE RAVÉ[27]: Coordenadas 37°11'00.8"/-3°34'52" y 37°10'14.8"/-3°34'55". Este yacimiento, desaparecido según algunas fuentes[28], se ubica en el actualmente conocido como Barranco de Reverté, en el barrio del Sacromonte de la capital. Su localización precisa es dificultosa al tratarse de una zona arcillosa muy amplia y llena de cuevas, entre las que es difícil identificar las originalmente explotadas por el judío Ravé. Igualmente, debido a su antigüedad, no se han encontrado noticias sobre la calidad o el uso de esta arcilla. Las muestras se han extraído de aquellas zonas en las que se ha encontrado un material arcilloso de mejor calidad, en forma de vetas o lentejas.

RÍO BEIRO: Coordenadas -3°34'17"/ 37°12'11". Para llegar a la cantera tradicional basta con llegar al Puente de Cartuja, en la intersección entre Paseo de Cartuja y la Calle Doctor González Vega dentro de la propia capital. Aquí comenzaba el río Beiro y a sus orillas se recogía la arcilla.

Hoy día está en desuso y se ha urbanizado la zona. El decantado del material lo propiciaba el mismo río, con lo que su extracción era más directa y precisaba de menos pasos intermedios.

Esta cantera era antiguamente explotada, aunque en menor cantidad, y sobre todo usada para mezclarla con la de Camino de Víznar para mejorar su trabajabilidad[29]. Esta arcilla resultaba menos plástica y moldeable pero con una estabilidad considerable durante el secado, lo

[25] CANO PIEDRA y GARZÓN CARDENETE (2004).
[26] GARCÍA PULIDO (2013), p. 236.
[27] Conocidas también por Cuevas de Rabé o Rabel, según la fuente que se consulte.
[28] GARZÓN CARDENETE (2004).
[29] GARZÓN CARDENETE (2004), p. 170

que procuraba una cocción con buenos resultados pero permitía poco trabajo artístico.

1.2. NORTE DE GRANADA

EN ESTE ÁREA SE HAN SELECCIONADO los yacimientos más importantes de tradición alfarera, considerando principalmente los cercanos a Baza y Guadix, donde, además, se referencian talleres de ilustres escultores de los que se conservan piezas en terracota, como José de Mora o Pedro de Mena[30].

Los yacimientos analizados del área norte de Granada son Guadix y Diezma, ubicados geológicamente en la Cuenca de Guadix.

DIEZMA: Coordenadas -3º18'43"/37º18'00" y -3º18'33"/37º18'6", correspondiéndose, a su vez, con dos yacimientos: uno en la misma Carretera Diezma-La Peza, antes de llegar al lecho del río Fardes; el segundo, más adelante, en dirección este.

Estos yacimientos han sido explotados por tres tejares cuyos restos se encuentran a lo largo de la carretera. Actualmente están abandonados. Se distinguen dos zonas de extracción bastante diferenciadas en tipo de materia prima y características básicas. El deszajelado se realizaba por agua corriente, aunque en un recorrido corto. Las charcas de almacenaje, claramente identificadas, ocupan gran extensión en ambos yacimientos.

El primer yacimiento es de arcilla fina y estratos homogéneos, de aspecto plástico y grisáceo. Los frentes de explotación siguen bien definidos, con una potencia hasta de 6,4 m.

El segundo yacimiento es de material rojizo, granulometría igualmente fina y homogénea en sus estratos. Contiene vetas muy marcadas de arcilla de color tendente al verde. Igualmente con un frente bien diferenciado y una potencia de hasta 14 m. Por su estructura puede ser

---

[30] Más información en ORUETA y DUARTE (1914); GALLEGO-BURÍN (1925); OROZCO (1941).

que la arcilla no se extrajera del propio frente, sino de las zonas de desprendimiento y charcas de acumulación del fondo de la ladera.

GUADIX: Coordenadas -3º08'41"/37º16'17". Este yacimiento se encuentra a 500 m al suroeste de Guadix.

Fue muy usado en el pasado y sigue siendo explotado en la actualidad. Presenta un alto grado de plasticidad, aunque no excesivo, con lo que precisa pocas modificaciones para su uso artístico.

1.3. SURESTE DE GRANADA

EN ESTA ZONA SE SELECCIONAN dos yacimientos, ambos están ubicados en Monachil. Tuvieron cierta importancia para talleres menores de barristas y, sobre todo, para la elaboración de teja y ladrillo.

MONACHIL: Coordenadas -3º32'1"/37º8'5" y -3º32'6"/37º7'25" respectivamente. Los dos yacimientos son casi gemelos en cuanto a tipo de material. El primero se encuentra en el propio pueblo (Monachil 1) y el segundo en la zona del río (Monachil 2).

Monachil 1 se encuentra a 500 m al noroeste del pueblo, y se accede desde la Carretera Granada-Monachil (GR-3202) desviándose por la Carretera de El Purche. En la segunda curva pronunciada se encuentra la entrada al tejero, que hasta 1990 explotaba la cantera, encontrándonos con un frente abierto muy profundo.

Según los vecinos de la comarca, este yacimiento era el de mejor calidad, utilizado preferentemente para la elaboración de teja. Por la profundidad de las zonas trabajadas podemos apreciar que ha sido muy explotado, con un frente de extracción de altura superior a 8 m. Se diferencian tres niveles de los cuales dos han sido trabajados con maquinaria pesada que han dejado marcas características. Posee dos vetas intercaladas, una de arcillas grises y plásticas, de finura y dureza considerables, y otra más amarillenta y desgranada, con mayor esqueleto y firmeza. Suponemos que la cantera tradicional constaba de charca de acumulación, hoy en día muy mermada. Las vetas de material, al ser diagonales, mantienen las mismas propiedades y composición en todo su frente.

Monachil 2, también en desuso, se sitúa a 1 km al sur del pueblo, accediendo desde el Camino de la Cuesta que circula paralelo al río Huenas. Para poder llegar al yacimiento debemos tomar una vereda estrecha que asciende en sentido inverso.

Éste es de menor envergadura pero mucho más homogéneo en sus estratos, aunque contiene mayor cantidad de materia orgánica precisamente por su poca profundidad. Se aprecia claramente su explotación tradicional y manual y, aunque también dispone de una zona de deszajelado, no existe charca de almacenaje, seguramente por la poca cantidad de material que se extraía.

1.4. ESTE DE GRANADA

ENTENDIENDO LA POSIBLE EXTRACCIÓN de tierras arcillosas de los lavaderos de las minas de oro en la zona este para mezclar con otros yacimientos, éstos se han tenido en cuenta y extraído la suficiente cantidad de muestra específica para comprobar esta hipótesis, ya que, efectivamente, se han encontrado esculturas en terracota pertenecientes al siglo XVII-XIX con presencia de trazas de oro[31]. El estudio no se ha llevado a cabo de manera completa, solo, como se ha referido, se han tomado varias muestras para corroborar la existencia de este metal. Incluso, si los minerales accesorios que lo acompañan pueden ser análogos a las esculturas realizadas en esta época y provincia y, por tanto, pueden relacionarse o considerarse como signatura metalogénica representatativa geográfica y artísticamente.

BARRANCO DE CENES: Coordenadas 37°09'41.6"/-3°32'04.2". Se accede desde la Carretera Granada-Sierra Nevada (GR-420), dentro de la misma población de Cenes de la Vega, subiendo la Avenida de la

---

[31] CULTRONE et alii (2017); RUEDA QUERO (2016); BERMÚDEZ SÁNCHEZ et alii (2015).

Constitución hasta llegar a la Calle Ciprés, junto a las instalaciones del Parque Municipal, donde comienza el ensanche del barranco. En el margen derecho se aprecia una zona diferenciada de arcilla gris en la parte inferior del corte, a unos 2 m de altura, y otra de arcilla roja en la superior, a 20 m. El corte del margen izquierdo también tiene a la misma altura un estrato de tierra arcillosa gris. No nos consta información sobre esta explotación de arcilla como tal, actualmente urbanizada. La información más próxima es la existencia de un lugar de lavado de tierras de una antigua mina de oro ubicada más arriba. Esto hace probable la decantación de material arcilloso ya tratado, acumulado en la zona y que se recogía libremente.

Barranco de espantazorras: Coordenadas 37°09'39.6"/-3°31'52.4". Se accede desde la Carretera de Granada-Sierra Nevada (GR-420), dentro de la misma población de Cenes de la Vega, subiendo por el Camino Viejo de Güejar hasta el final de la Calle Alborox que une con el propio barranco. En el margen derecho, en la zona del lecho del barranco, se aprecia una veta con material arcilloso de mejor calidad. Como en el caso anterior, no nos consta información sobre esta explotación de arcilla, sino que igualmente tratamos de extraer muestras de una zona aneja a la anterior por considerarla un lugar de posible lavado de tierra de las minas de oro.

Cerro del oro: Coordenadas 37°09'55.4"/-3°32'36.6" y 37°09'57.6"/-3°32'35.2" respectivamente. Para llegar a ambas zonas de extracción accedimos desde la Carretera Granada-Sierra Nevada (GR-420), dentro de la misma población de Cenes de la Vega, subiendo por la Calle Cerro del Oro. A 500 m situamos una primera zona de extracción en una grieta natural. Continuando por esta misma calle, tomando la siguiente desviación de la izquierda, Calle García Lorca, tomamos una segunda muestra, igualmente aprovechando el interior de una grieta natural recorridos 100 m. En ambas ubicaciones encontramos una arcilla de buena calidad, muy compacta y de tonalidad grisáceo-amarillenta. Como en casos anteriores, no nos consta información sobre esta explotación de arcilla; igualmente se puede considerar un lugar de posible lavado de tierra de las minas de oro.

2. Elaboración de las probetas

LA ELABORACIÓN DE PROBETAS conlleva una serie de pautas y condicionantes a tener en cuenta, planteando y estableciendo previamente de forma teórica, justificada y razonada, desde la cantidad de material a extraer de cada veta y estrato, pasando por el número de probetas, forma y tamaño, proceso de elaboración, grados de cocción.... hasta los tipos de estudios que se van a realizar y que requerirán determinada cantidad de toma de muestras y tipología, o mediciones en la misma probeta que, igualmente, van a condicionar su tamaño y estructura.

Tras este planteamiento preliminar, se procedió a la fabricación de las probetas siguiendo parámetros idénticos en todas ellas de forma sistemática según procedimientos tradicionales en su elaboración.

Todos los procesos aquí referidos están expuestos de manera abreviada, dejando constancia más pormenorizadamente en el CD adjunto.

2.1. JUSTIFICACIÓN DE LA CONFORMACIÓN DE PROBETAS

TODO EL PLANTEAMIENTO PRÁCTICO se organiza en base a unos objetivos bien definidos:

1. Muestras que representen las arcillas de cada yacimiento utilizadas en el rango temporal estipulado (ss. XVI-XIX).

2. Reproducción de la tecnología tradicional, tanto en materiales como en procesos, equivalente a la tipología de piezas reales, para simular comportamientos de estudio afines.

3. Rango de temperaturas de cocción acorde a la tecnología de elaboración de los objetos acabados más comunes relacionados con la construcción, obras de arte y alfarería (ladrillo, teja, terracota y bizcocho).

4. Morfología de la probeta análoga a la de una pieza real para poder realizar estudios comparativos.

5. Establecimiento del número de análisis a realizar sobre cada probeta, orden de aplicación y tipología y cantidad de muestra que se precisa.

6. Rigurosidad en la estadística de los resultados, lo que implica un número suficiente de probetas de cada tipo y temperatura, elaboradas sin contaminaciones ni variaciones en los procesos, de manera que sólo influyan en su reacción las propiedades específicas de cada tipo de arcilla y la tecnología general y sistemática aplicada por igual a todas ellas.

2.2. EXTRACCIÓN DE TIERRAS ARCILLOSAS

PARA CONSEGUIR UNA CANTIDAD representativa de cada yacimiento, se han seleccionado las zonas que documentalmente han sido de explotación más acorde al rango histórico que queremos estudiar. Atendiendo a factores tanto antropológicos como temporales, y conociendo la existencia de dos tipologías de formación de yacimientos, la toma de material ha sido diferente. Por un lado, comprendiendo que se comienza a explotar desde los estratos más cercanos a la superficie, en aquellos de más altura se ha prestado especial atención a la profundidad del yacimiento, seleccionando varias franjas de extracción según la altura total del yacimiento, tomando muestras también a nivel de suelo donde se encuentra el material deszajelado.

Por otro lado, ante la presencia de yacimientos con vetas diferenciadas, se han tomado muestras de todas ellas. En algunos casos, se ha elaborado la mezcla de todas las vetas cuando existe documentación de que este hecho era práctica habitual. No obstante, sus propiedades en crudo se han analizado también por separado para conocer el efecto de cada una de las tipologías.

Atendiendo, por tanto, a lo referido anteriormente, la extracción según cada yacimiento queda como sigue:

BARRANCO DE ESPANTAZORRAS: se ha sacado una única muestra en la zona del lecho del barranco, donde se aprecia una veta con material más arcilloso.

BARRANCO DEL TEJAR: La muestra se ha extraído del lecho, a nivel del suelo, al tratarse de la zona de acumulación de material en el propio terreno, donde seguramente se ubicara la charca de pudrición y antigua zona de extracción. Para comprobar que la composición del lecho no está contaminada por las plantaciones, otros productos de desecho de la construcción o rellenos posteriores, se ha extraído una muestra de comparación de la cabecera. En esta zona, la potencia máxima es de 2 m, por lo que se ha tomado una sola muestra a media altura, libre de vegetación de superficie.

BARRANCO DE CENES: se han tomado dos muestras del margen derecho del barranco, una de arcilla gris de la zona inferior del corte, a unos 2 m de altura, y otra de arcilla roja en la zona superior, 20 m. Del margen izquierdo se tomó una tercera muestra de tierra arcillosa gris a 1,80 m de altura del corte.

BEIRO: Se ha extraído una muestra de material a 1,5 m de altura medidos desde el nivel de suelo, tratando de obtener un modelo representativo de la arcilla que podría ser usada.

CERRO DE LAS BARRERAS: En la zona más elevada del corte se alcanzaba una potencia de 2,8 m, por lo que se han tomado dos muestras de la pared sur, una a 1,5 y otra a 2,5 m.

CERRO DEL ORO: se han tomado cuatro muestras aprovechando en un corte vertical del barranco la presencia de dos fisuras naturales, una en la parte alta del cerro (cota de nivel de 810 m) y otra en la mitad (760 m). De ambas fisuras se sacaron dos muestras, una de la zona exterior y otra de la zona interior.

CUEVAS DE RAVÉ: Al tratarse de un barranco de extensión considerable, donde no se puede actualmente ubicar con claridad la específica ubicación de las cuevas del judío Ravé, se han tomado dos muestras de cada lateral del barranco, buscando las vetas de material arcilloso más fino y homogéneo. La zona de mejor calidad de material está hacia el final del barranco o lecho, donde se encuentran las cuevas aún a día de hoy habitadas. Las muestras fueron tomadas, en los cuatro casos, a una altura de 1-1,5 m.

DIEZMA: Yacimiento 1. Gris. Tiene una potencia máxima de 6,4 m por lo que se ha efectuado la toma de muestras en tres alturas: 3 m y 6 m, por si las diferencias de composición fueran significativas, y otra a nivel del suelo donde todo el material se encuentra mezclado, y donde seguramente se encontraba la charca de almacenaje.

Yacimiento 2. Roja. Tiene una potencia máxima de 14 m. Se han tomado muestras acumuladas en la base del yacimiento, donde había más cantidad de material desprendido, a 4 m, 8 m y 12 m de altura para comprobar si existen diferencias significativas en la composición.

EL FARGUE: La muestra extraída se ha obtenido de una altura de 3 m, en el frente norte de la cantera, el que se encuentra visualmente más completo en estratos de profundidad y donde presenta cualidades más apropiadas como tierra arcillosa de alfarero.

GUADIX: La muestra tomada es una mezcla de varios estratos, de una gran similitud entre ellos, del frente de extracción señalado como más antiguo, a una altura media de 2 m desde el nivel del suelo.

JUN: Se han extraído cuatro muestras, una de cada tipo de arcilla a una altura media de 1,5 m, y otra con la mezcla de las tres arcillas en proporciones iguales. Los tipos de arcilla se diferencian visualmente por su color y textura.

MONACHIL: Yacimiento 1. La zona de explotación tradicional tiene una altura máxima de 4 m, siendo de otros 5 m la zona de extracción con maquinaria. Está estratificado en tres tipos de arcilla de veta muy marcada, diferenciados principalmente por su color. Se encuentran en estratos paralelos y con cierto buzamiento hacia el Este. En este caso se han tomado las muestras no guiándonos por la altura sino por la tipología de arcilla: arcilla gris, arcilla rubia y arcilla de aspecto nacarado. Por la morfología de la extracción en el propio yacimiento, su explotación se realizó de forma homogénea en las tres vetas, que se deszajelaban de manera natural por el mismo sistema de Jun hacia la charca de almacenamiento que se encuentra al fondo de la ladera[32].

---

[32] Conversación mantenida con el actual propietario del tejar, el señor Fernández Mesa.

Yacimiento 2. La muestra tomada ha sido homogénea por la poca profundidad del yacimiento, de una altura media de 1,5 m medidos desde la superficie, por el frente sureste de la cantera, que se encuentra más completo. El Norte se encuentra demasiado invadido de vegetación y el Oeste está completamente desmoronado por las lluvias de la primavera de 2010.

VIZNAR: La muestra ha sido extraída de la charca más antigua usada para el almacenaje del material cribado, abandonado su uso hace casi un siglo, y que contenía el material desmontado de Haza Negra.

La cantidad de material extraído de cada afloramiento de arcilla ha sido de 5 kg. Se han recogido siempre con medios manuales, almacenándolos aisladamente para evitar contaminaciones. Los yacimientos de la zona Este (Barranco de Cenes, Cerro del Oro y Barranco de Espantazorras) no se han caracterizado por completo, solo se ha extraído la cantidad necesaria para comprobar la presencia de oro, unos 200 g. Su estudio sigue en proceso.

2.3. PROCESADO DE LA ARCILLA Y ELABORACIÓN DE PROBETAS

EN TODOS LOS CASOS se han seguido pautas idénticas para evitar variaciones y/o contaminaciones en los resultados. En todos se ha reproducido fidedignamente la tecnología tradicional de procesado de la arcilla y posterior conformado de las piezas, siguiendo el mismo orden que previamente indagamos en la bibliografía consultada (fig. 2).

Pudrición   Deszajelado   Punto de amasado   Modelado

Seccionado a medida estándar   Secado   Cocción a 850, 900 y 950 ºC

Figura 2. Procesado de la arcilla y conformación de probetas.

Respecto a la forma y tamaño de las piezas, reflejamos similares características a la obra artística, piezas de alfarería o de construcción, sabiendo que la mayoría son piezas huecas, de grosor regular, no mayor de 3 cm, aunque sí puede ser mucho más fino, hasta llegar a los 1,5 cm según el tamaño de la pieza. Se ha decidido elaborar probetas en forma

Figura 3. Conformación de las probetas y designación de sus superficies.

rectangular, con unas dimensiones de 8,5 x 3,5 x 1,7 cm (fig. 3). Este tamaño permite igualmente hacer ensayos de contracción lineal y volumétrica.

En el momento de configurar las probetas, en cada una se marcaron dos señales estándar que nos permitiesen, tras el secado y posterior cocción, controlar y medir posibles grados de contracción.

Para que la cocción de las piezas cubriera el rango más habitual de cocción de las esculturas en terracota, piezas cerámicas preparadas como bizcocho y materiales de construcción, se realizaron tres cocciones en las temperaturas más representativas: 850, 900 y 950 ºC.

Igualmente, para una mayor rigurosidad científica, se han elaborado tres probetas de cada temperatura, lo que permite comparar resultados y porcentajes de error.

Respecto a la cocción, también se recoge todo el proceso pormenorizadamente en el CD adjunto. Solo resaltar su realización en un horno eléctrico con termostato para controlar totalmente el proceso. Tanto los tiempos de cocción, como la velocidad de aumento de temperatura y los rangos de mantenimiento de las condiciones, se han realizado siguiendo las pautas establecidas por la bibliografía consultada[33], asegurando así la obtención de probetas sin deterioros.

La relación de probetas realizadas queda como sigue:

Tabla 1. NOMENCLATURA DE LAS MUESTRAS							
YACIMIENTO	veta	zona	altura	ESTADO DE LA MUESTRA			
				cruda	850ºC	900ºC	950ºC
Río Beiro			1,5 m	B	B-850	B-900	B-950
Barranco de Cenes		m. dch.	2 m	BCd1	x	x	x
		m. dch.	20 m	BCd2	x	x	x
		m. izq.	1,8 m	BCi	x	x	x
Barranco de Espantazorras		m. dch.	0,5 m	BE	x	x	x

[33] MORALES (2005); PIRES (2003); AMORÓS y ORTS (2001); SÁNCHEZ (2001); Asociación de Ceramología (1992); VÁZQUEZ et alii (1993); PADOA (1971); LAIRD y WORCESTER (1956); CIRUJANO (2010); RAMOS (1999); BERSON et alii (1997); FABBRI (1996); MEGÍAS (1990); ROSSENTHAL (1958); CULTRONE et alii (2004).

Localidad		Posición	Profundidad	Muestra	850	900	950
Barranco del Tejar		lecho	suelo	BT1	BT1-850	BT1-900	BT1-950
		cabecera	1,5 m	BT2	BT2-850	BT2-900	BT2-950
Cerro de las Barreras			1,5 m	CB1	CB1-850	CB1-900	CB1-950
			2,5 m	CB2	x	x	x
Cerro del Oro		760 m iso.	1,5 m	CO1	x	x	x
		760 m iso.	suelo	CO2	x	x	x
		810 m iso.	1 m	CO3	x	x	x
		810 m iso.	1,5 m	CO4	x	x	x
Cuevas de Ravé		m. dch. int.	1 m	CRdi	CRd-850	CRd-900	CRd-950
		m.dch. ext.	1,5 m	CRds	x	x	x
		m. izq. int.	1 m	CRii	CRi1-850	CRi1-900	CRi1-950
		m. izq. ext.	0,5 m	CRis	CRi2-850	CRi2-900	CRi2-950
Diezma	gris		suelo	D1	D1-850	D1-900	D1-950
	gris		3 m	D2	D2-850	D2-900	D2-950
	gris		6 m	D3	D3-850	D3-900	D3-950
	roja		suelo	Dr1	Dr1-850	Dr1-900	Dr1-950
	roja		4 m	Dr2	Dr2-850	Dr2-900	Dr2-950
	roja		6 m	Dr3	x	x	x
	roja		8 m	Dr4	x	x	x
Camino Viejo de El Fargue			3 m	F	F-850	F-900	F-950
Guadix			2 m	G	G-850	G-900	G-950
Jun	rubia		1,5 m	J1	x	x	x
	gris		1,5 m	J2	x	x	x
	roja		1,5 m	J3	x	x	x
	mezcla			Jm	J-850	J-900	J-950
Monachil	pueblo	gris	8,5 m	M1a	x	x	x
	pueblo	rubia	8,5 m	M1b	x	x	x
	pueblo	mezcla		M1	M1-850	M1-900	M1-950
	río		1,5 m	M2	M2-850	M2-900	M2-950
Camino de Víznar			charca	V	V-850	V-900	V-950

m. - margen del barranco; **dch.** - derecho; **izq.** - izquierdo; **int.** - interior; **ext.** - exterior; **iso.** - isohipsa; **x** - no existe.

2.4. DISCUSIÓN DE RESULTADOS

EN ESTE APARTADO REFLEJAMOS de manera esquemática los hechos más destacables del proceso de extracción, elaboración y cocción de las probetas. Los resultados están relacionados más detalladamente en el CD adjunto:

- Estallido en el horno de las muestras Dr1 y Dr2 durante la cocción a 850 y 900 ºC, debiendo volver a realizar una segunda cocción, esta vez alterando el proceso de secado y cocción para asegurar la pervivencia de la probeta: realizando un secado mucho más lento de lo que sería considerado normal y aumentando la temperatura mucho más lentamente.
- Formación de grietas por expansión durante la cocción en la muestra de BT1-900.
- Aparición de grietas después del secado y tras la cocción en Dr1 y Dr2, con presencia de corazón negro.
- Formación de corazón negro en BT1 y CB1 a 850 y 900 ºC.
- Tras la cocción, todas las probetas fueron sumergidas en agua. En esta fase destacar que las probetas de BT, CB, CR y F cocidas a 850 y 900 ºC dejaron una densa película de recarbonatación de óxido de calcio en el agua. Las probetas de F cocidas a 850, 900 y 950 ºC se han fracturado debido presumiblemente a la gran cantidad de carbonato de calcio y/o magnesio presente en su composición. El resto de los yacimientos no presentó problemas al sumergirse en agua.

Los datos obtenidos tras la cocción de las piezas sugieren que los yacimientos con mayor cantidad en carbonatos (calcita y/o dolomita) son en primer lugar F, seguido de BT, CB y CR, y en menor medida B, D1, D3, M1 y M2. Estas suposiciones deberán confirmarse mediante el estudio de la mineralogía por difracción de rayos X.

En cuanto al comportamiento de Dr1 y Dr2, tanto en la aparición de grietas después del secado y de la cocción, como por la presencia de corazón negro en su interior, sugiere que son muestras con tamaño de grano muy fino[34], además de presentar una mayor cantidad de materia

---

[34] CERDEÑO DEL CASTILLO et alii (2000).

vegetal u otras sustancias reductoras[35]. Por último, la formación de grietas en BT1 900 indica unos procesos de expansión a esta temperatura, siendo la causa desconocida. A lo largo del desarrollo de esta investigación se localiza la causa mediante las técnicas analíticas.

---

[35] GREDMAYER (2011); TITE (2008); MARITAN et alii (2006) y PAVÍA (2006).

3. Caracterización material

REALIZADAS LAS PROBETAS, se han llevado a cabo los análisis correspondientes para medir todas aquellas características que nos definan la implicación que han tenido los diferentes componentes y procesos de fabricación en el producto final. Éstos se han realizado tanto en la materia prima arcillosa en crudo como en las probetas cocidas.

Sobre material crudo, la caracterización servirá para conocer en profundidad el material de base del que va a surgir la terracota final acabada y que pueda explicar la proveniencia de las alteraciones y los productos transformados de la masa cerámica.

Igualmente, estos análisis en crudo nos permiten descartar aquellos niveles del mismo yacimiento cuyo comportamiento sea prácticamente idéntico y, por tanto, no aporte información diferente tras la cocción de las probetas.

Las probetas cocidas se analizaron de manera pormenorizada para comprobar sus propiedades físicas, químicas y mecánicas. Para ello fue necesario definir y justificar la metodología y la cantidad de muestra necesaria para cada análisis, además de la organización del orden de aplicación de las técnicas y ensayos de forma lógica y razonada, comenzando por aquellos no destructivos, poco destructivos y no contaminantes de la muestra, hasta los destructivos y contaminantes, de manera que se permitan utilizar las mismas muestras para el mayor número de procesos. Así se establece el orden más apropiado de aplicación de las técnicas de análisis y reducir la cantidad de muestra a extraer para realizar todos los ensayos. Destacar que el orden en el que se exponen los análisis en este trabajo no es alfabético, como cabría suponer, sino el de ejecución siguiendo pautas lógicas de obtención de información.

En cuanto a los estudios llevados a cabo en el producto crudo, se han seleccionado: difracción de rayos X (XRD) de la muestra total sin procesar y procesada y de la fracción arcilla, agua de amasado (PL), pérdida de peso por cocción (We) y contracción lineal por secado y cocción (CS, CC).

Para la caracterización de las probetas cocidas: fluorescencia de rayos X (XRF), difracción de rayos X (XRD), microscopía óptica de polarización (POM), microscopía electrónica de barrido de alta resolución-microanálisis por energía de dispersión de rayos X (SEM-EDX), ensayos hídricos (HT), porosimetría de inyección de mercurio (MIP), propagación de ondas ultrasónicas (UWP), permeabilidad al vapor de agua (WVP) y espectrofotometría (SFM).

Exponemos a continuación la relación de análisis efectuados así como los resultados más destacables de cada uno de ellos. Para un detallado conocimiento del proceso llevado a cabo en cada muestra y método de análisis consultar el CD adjunto.

3.1. CARACTERIZACIÓN DE LA MATERIA CRUDA

Difracción de rayos X (XRD)

Se estudia la mineralogía de todas estas muestras, previamente a su tratado, para comprobar sus diferencias o similitudes en composición mineralógica, y una vez confrontados los datos, se procesa exclusivamente la tierra arcillosa que presenta diferencias de composición evidentes, o cuyo uso conjunto se conoce por documentación. Se compara de esta manera la composición de las arcillas antes y después de ser tratadas. En la extracción de la fracción arcilla, se estudia si la naturaleza y proporción de los minerales arcillosos es similar entre las muestras de los diferentes yacimientos, confirmando la selección de aquellas tierras arcillosas que se seleccionarían definitivamente para su procesado en probetas.

MUESTRA	Q		C		D		Pl/Fds		Phy		Gyp		Hem	
	s/t	t	s/t	t	s/t	t	s/t	t	s/t	t	s/t	t	s/t	t
B	65	70	25	20	10	10	tz	tz	tz	tz	-	-	tz	tz
BT1	60	65	15	10	20	15	5	5	tz	5	-	-	-	-
BT2	85	90	-	-	-	-	5	tz	10	5	-	-	-	-
CB1	60	80	5	5	25	-	5	10	5	5	-	-	tz	tz
CB2	65	70	10	10	5	-	10	10	10	10	-	-	tz	tz
CRdi	75	x	10	x	10	x	5	x	tz	x	-	x	x	x
CRds	55	65	15	10	20	15	5	5	5	5	-	-	-	-
CRii	60	60	10	10	25	25	5	5	tz	tz	-	-	-	-
CRis	75	75	10	10	10	10	5	tz	tz	tz	-	-	-	-
D1	50	65	10	10	35	15	5	5	tz	5	-	-	tz	tz
D2	60	65	-	-	40	25	tz	5	tz	5	-	-	tz	tz
D3	50	50	30	20	10	10	5	10	5	5	tz	-	tz	5
Dr1	45	65	45	15	5	5	tz	5	5	10	-	-	-	-
Dr2	80	80	-	-	5	tz	tz	5	15	15	-	-	-	-
Dr3	80	x	tz	x	5	x	tz	x	15	x	tz	x	-	x
Dr4	75	x	5	x	10	x	tz	x	10	x	-	x	-	x
F	5	50	90	40	5	10	tz	tz	tz	tz	-	-	-	-
G	90	85	tz	tz	-	-	10	15	tz	tz	-	-	tz	tz
J1	40	x	15	x	20	x	5	x	tz	x	20	x	-	x
J2	60	x	20	x	20	x	tz	x	tz	x	tz	x	-	x
J3	70	x	10	x	-	x	20	x	tz	x	-	x	-	x
Jm	35	45	30	20	10	10	10	10	tz	5	15	10	-	-
M1a	50	x	35	x	5	x	10	x	tz	x	-	x	-	x
M1b	60	x	35	x	tz	x	5	x	tz	x	-	x	-	x
M1m	50	50	35	35	5	5	10	10	tz	tz	-	-	-	-
M2	50	50	25	20	15	10	5	10	tz	5	5	5	-	-
V	60	70	10	10	10	10	10	5	tz	5	10	-	-	-

Tabla 2. PORCENTAJE DE LAS FASES MINERALES PRESENTES EN LAS MATERIAS PRIMAS CRUDAS, SIN TRATAR Y TRATADAS

s/t – sin tratar; t – tratada; – – no presenta; tz – traza; x – no realizado análisis; Q – cuarzo; C – calcita; D – dolomita; Pl/Fds – plagioclasas/feldespatos; Phy – filosilicatos; Gyp – yeso; Hem – hematites.

En la tabla 2 se reflejan los resultados obtenidos del análisis semicuantitativo de la tierra arcillosa, extraída de los yacimientos (columna s/t) y tras su procesado por los tratamientos tradicionales (columna t), explicados en la metodología de elaboración de probetas. Para mayor detalle consultar el CD.

El resultado de los análisis de la tierra arcillosa demuestra que, como tendencia general, mediante el procesado las cantidades de calcita descienden, al igual que la dolomita y el yeso, si bien es más complicado conseguir grandes reducciones de estas dos últimas fases minerales. La tendencia a eliminar estos minerales sin afectar a los filosilicatos refleja claramente que los procesos de tratamiento tradicionales realmente funcionan, mejorando la materia prima y aumentando la calidad de la arcilla, consiguiendo cambios importantes en las proporciones de algunas de ellas, especialmente de BT1, CRds, D1, D2, Dr1, Dr2 y F.

Si atendemos a la composición general de los yacimientos una vez procesada la arcilla, CRii, F y M1m tienen un alto riesgo de sufrir deterioro debido a roturas por caliche, ya que su contenido en calcita, pese a reducirse durante el procesado, sigue siendo alto (30-40%). B, BT1, CRds D2, D3 y Jm muestran un contenido en carbonatos alrededor del 25-30%, lo cual puede provocar igualmente problemas de comportamiento y durabilidad del material cocido. El resto de yacimientos presenta un contenido en carbonatos del 20% como máximo[36].

En base a este análisis por XRD, el aspecto macroscópico y las fuentes verbales conocidas respecto a los afloramientos de tierras arcillosas, se ha hecho una selección de las materias primas para el estudio final.

Las muestras tomadas del lecho y la cabecera del Barranco del Tejar han mostrado unas diferencias compositivas y de comportamiento durante el procesado bastante acusadas, por lo que se ha decidido elaborar probetas de ambas. Lo mismo ha sucedido con los dos niveles extraídos del Cerro de las Barreras, donde la diferente cantidad de filosilicatos y plagioclasas varía de manera importante.

---

[36] BUENO y ÁLVAREZ (2008); FLORES (1999).

Por otro lado, de las cuatro muestras extraídas de Cuevas de Ravé se han detectado diferencias importantes principalmente en las dos del margen izquierdo del barranco (CRii y CRis) y una de las del margen derecho (CRds), siendo la otra muy similar (CRdi), por lo que se ha decidido continuar con la elaboración y análisis de las tres primeras, denominadas en adelante CRi1, CRi2 y CRd.

Dentro de los yacimientos de Diezma, se ha comprobado que Diezma gris presenta diferencias de composición (principalmente en el contenido de carbonatos y plagioclasas) en sus diferentes niveles del frente de extracción. Si bien su aspecto macroscópico era muy similar, se decidió procesar y tratar como probetas las tres muestras. Por el contrario, en Diezma roja, la composición de los niveles de toma de muestra Dr2, Dr3 y Dr4 es muy similar, siendo la que más varía Dr1 (principalmente en el porcentaje de carbonatos). Por ello, se seleccionaron solamente Dr1 y Dr2 para realizar las correspondientes probetas.

En el caso de Monachil y Jun han sido las fuentes verbales las que han corroborado que se utilizaban como arcillas de alfarero la mezcla de las vetas de material identificadas en el frente de extracción, porque de este modo se conseguía una arcilla más apropiada. Basándonos en esta información, se deciden procesar tan sólo las muestras Jm y M1m para elaborar las probetas, nombrándolas en el resto del trabajo como J y M1.

Los yacimientos de Beiro, Guadix, Monachil 2 y Víznar fueron procesados también como probetas una vez comprobada su calidad como materia prima.

En El Fargue, se decidió también continuar con su elaboración aún cuando la naturaleza margosa de la tierra arcillosa apunta a que su comportamiento no será adecuado, debido a la constancia que tenemos, por fuentes verbales y bibliográficas, de su uso como materia prima para productos cerámicos.

Los minerales arcillosos predominantes en las muestras estudiadas (tabla 5) son la illita y la caolinita, siendo la primera la más común. Como excepciones, o arcillas que pudieran resultar indicadoras de yacimientos concretos, se encuentran la clorita combinada con esmectitas en elevadas proporciones solamente en CRdi, CRis y F; la ausencia total de esmectitas en BT1, BT2, CB2, CRds, CRii y G y la presencia de clorita hinchable únicamente en B, CRds, CRii, CRis, D1 y en las muestras de Diezma roja. Aún menos frecuente es la presencia de paragonita, sólo observada en BT2, CRdi, CRds, CRii, CRis, D1, D2, D3, F, J, M1, M2 y V; la paligorskita en B, D1, Dr3 y la sepiolita solo en D2.

MUESTRA	K	IL	C	Cg	SM	PAR	PAL	SEP
B	+++	+++	++	+	tz		+	
BT1	+	+++	tz					
BT2	++	+++	tz			+		
CB1	+++	+++			tz			
CB2	++	++	tz					
CRdi	+	++	++		+++	+		
CRds	+	++	++	+		+		
CRii	+	+++	++	++		+		
CRis	+	++	++	++	+++	+		
D1	++	+++	+	+	tz	+	tz	
D2	++	+++	+		++	+		+
D3	++	+++	+		++	+		
Dr1	+++	+++	+	+	+			
Dr2	+++	++		+	tz			
Dr3	+++	++		++	tz		tz	
Dr4	+++	+		+	+			
F	++	++	+++		+ ++	+		
G	++	++			++			
J1	++	+++	++		+	+		
J2	++	+++	++		+			
J3	++	+++	++		+	+		
Jm	++	+++	+++		+			
M1a	++	+++	+++		+	+		
M1b	++	+++	++		+	+		
M1m	++	+++	++		+	+		
M2	++	+++	+++		+	+		
V	++	+++	++		++	+		

Tabla 3. CONCENTRACIÓN DE LAS FASES MINERALES EN AGREGADOS ORIENTADOS

tz– trazas; + – presencia débil; ++ – presencia moderada; +++ – presencia elevada; **K** – caolinita; **IL** – illita; **C** – clorita; **Cg** – clorita hinchable; **SM** – esmectitas; **PAR** – paragonita; **PAL** – paligorskita; **SEP** – sepiolita.

La presencia de esmectitas en varios de los yacimientos podría suponer un problema de conservación de las piezas construidas, ya que su naturaleza hinchable la convierte en un factor de deterioro importante, aunque lo son únicamente para aquellas piezas cocidas a temperaturas muy bajas y durante un tiempo de cocción escaso. Igual sucede con aquellos yacimientos que contienen cloritas hinchables, por su naturaleza expansiva.

Agua de amasado (PL)
Se ha calculado el agua utilizada en el amasado de la tierra arcillosa para la elaboración de probetas y ver si es la correcta, o si su cantidad puede ser la causa de resultados deficitarios en los ensayos físicos de las piezas cocidas.

Tabla 4. AGUA DE AMASADO	
MUESTRA	Contenido en agua (%)
B	18,54
BT1	24,91
BT2	22,70
CB1	25,66
CRd	31,81
CRii	22,57
CRis	18,50
D1	26,20
D2	26,24
D3	26,11
DR1	25,84
DR2	24,92
F	18,00
G	22,01
J	20,71
M1	23,93
M2	26,02
V	21,57

Tal como indica la bibliografía, los ladrillos elaborados artesanalmente, igual que los de esta investigación, precisan mayor cantidad de agua de amasado[37] por el simple proceso de elaboración. Aún así, debemos tener en cuenta los límites considerados como apropiados, que los sitúan entre el 17 y el 30%[38].

Los yacimientos que precisan de menos agua para ser más trabajables son, evidentemente, aquellos cuyo tamaño de grano es mayor y más heterogéneo, ya que al añadir más agua pierden la cohesión enseguida. No obstante, como vemos en la tabla 4, con una proporción de agua del 18% las arcillas son correctamente trabajables y permiten ser modeladas con facilidad.

Por el contrario, es curioso notar como Dr1 y Dr2, y BT2, con un tamaño de grano que aparenta ser más pequeño que el de las otras tierras arcillosas (simple apreciación al tacto durante el amasado), no necesitan más agua que otros yacimientos con tamaño de grano mayor, como por ejemplo D1, D2 y D3, de características muy diferentes. Este grupo, que llega a precisar un 26% de agua, está en el límite superior de los porcentajes de agua apropiados, por lo que habrá que comprobar si este exceso de agua puede dar lugar a piezas de baja calidad.

Las variaciones en la cantidad de agua respecto a trabajabilidad de la arcilla depende en gran medida, aparte de la granulometría, de las fases minerales presentes: la mayor presencia de cuarzo y feldespatos reduce la necesidad de agua; por el contrario, una mayor cantidad de minerales arcillosos hace el material más ávido de agua para ser plástico, lo que explicaría las variaciones de comportamiento independientemente de su granulometría. Estas suposiciones (el hecho de que los yacimientos B, CRis y F contengan más cantidad de cuarzo, feldespatos y carbonatos, y por el contrario BT, CB, D1, D2, D3, Dr1, Dr2 y M2 contengan mayor proporción de minerales de la arcilla) han sido comprobadas por XRD, como veremos en el apartado correspondiente.

---

[37] ÁLVAREZ y GONZÁLEZ (1994); SINGER y SINGER (1963).
[38] BARAHONA (1974) indica como adecuado un contenido en agua comprendido entre 18 y 20%, SAIAH et alii (2010) recomienda entre 17 y 30%.

Pérdida de peso (We)
Sirve para determinar la diferencia de contenido de agua intersticial y de la calcinación de materia orgánica y calcita; y cómo esto afecta a la transformación de los filosilicatos o al contenido en carbonatos y su nivel de transformación respectivamente.

Tabla 5. PÉRDIDA DE PESO DE LAS CERÁMICAS TRAS SU COCCIÓN (EN %) Y DESVIACIÓN ESTÁNDAR (D.E.)						
MUESTRA	850 °C	D.E.	900 °C	D.E.	950 °C	D.E.
B	13,38	0,68	14,08	0,42	14,80	0,08
BT1	14,62	1,25	16,21	1,22	15,42	1,45
BT2	5,72	0,05	5,52	0,06	-0,33	0,01
CB	9,51	0,05	10,21	0,69	9,34	0,01
CRd	11,68	0,01	11,98	0,01	12,58	0,01
CRii	14,74	0,26	15,29	0,02	15,19	0,03
CRis	12,05	0,05	12,35	0,02	11,15	0,08
D1	13,34	0,54	14,33	0,53	12,45	0,07
D2	13,92	0,38	15,12	0,86	14,93	0,23
D3	13,85	0,03	14,05	0,15	13,91	0,02
Dr1	13,90	0,16	14,36	0,20	14,65	0,06
Dr2	10,80	0,58	11,39	0,73	11,93	0,48
F	-	-	-	-	16,30	0,14
G	5,93	0,09	6,30	0,44	6,62	0,09
J	15,52	0,02	13,29	0,02	16,82	0,04
M1	15,48	0,24	15,99	0,28	16,54	0,03
M2	15,97	0,70	17,01	0,14	17,69	0,03
V	15,04	0,46	15,57	0,35	16,93	0,06

Las pérdidas de peso respecto a la temperatura (tabla 5) son debidas evidentemente a la composición mineralógica de las muestras: a la pérdida de agua estructural de los filosilicatos, a la calcinación de los carbonatos y a la combustión de la materia orgánica.

La baja pérdida de peso de G se debe únicamente a la deshidroxilación de los filosilicatos[39], y su muy bajo contenido en carbonatos, más presentes en el resto de yacimientos, hace que su comportamiento se desmarque. El siguiente yacimiento aislado es Dr2, cuya composición, también baja en carbonatos y elevada en filosilicatos, según veíamos en la tabla 2 provoca un comportamiento diferente. La reacción anómala de BT2 se debe a la elevada cantidad de cuarzo, seguramente sumado al tamaño de grano, algo que deberá ser confirmado por microscopía.

Un contenido elevado en carbonatos explicaría la pérdida de peso más acusada en el resto de yacimientos, aumentando conforme más carbonatos contenga la muestra.

Los comportamientos erráticos de algunas probetas, como es el caso de J y D1 (a 900 y 950 °C respectivamente), puede deberse a mayores concentraciones anómalas de carbonatos o materia orgánica.

Contracción lineal (CS/CC)

El porcentaje de contracción fue calculado a partir de las dos marcas estándar realizadas sobre las probetas en húmedo. La diferencia de medida en húmedo y posteriormente en seco y cocido a las tres temperaturas, determina la capacidad de respuesta o variaciones volumétricas que sufren las probetas a lo largo de todo el proceso. Esto es determinante a la hora de comprobar la calidad de respuesta mecánica del producto acabado, y se cuantifica según parámetros previamente establecidos.

Tabla 6. CONTRACCIÓN LINEAL POR SECADO (CS) Y POR COCCIÓN (CC) DE LAS PROBETAS (EN %) Y DESVIACIÓN ESTÁNDAR (D.E.)								
MUESTRA	CS		CC					
		D.E.	850 °C	D.E.	900 °C	D.E.	950 °C	D.E.
B	1,12	0,05	4,49	0,07	6,09	0,03	3,85	0,00
BT1	0,85	0,20	-0,43	0,15	0,85	0,30	1,28	0,20
BT2	3,99	0,03	3,85	0,00	3,85	0,00	3,85	0,00
CB1	4,27	0,09	3,85	0,17	3,85	0,00	4,27	0,12
CRd	-0,43	0,11	-1,71	0,11	0,43	0,11	0,00	0,00
CRii	0,43	0,12	0,85	0,15	0,00	0,20	-0,43	0,06
CRis	-1,99	0,07	-2,56	0,00	-2,14	0,05	-2,56	0,00

[39] Información extraída de CULTRONE (2001).

D1	3,99	0,03	5,77	0,07	5,13	0,00	3,85	0,00
D2	1,57	0,06	1,28	0,00	1,92	0,07	1,92	0,07
D3	6,70	0,08	7,05	0,05	6,41	0,00	6,84	0,07
Dr1	13,11	0,04	12,82	0,00	13,46	0,07	11,54	0,00
Dr2	12,34	0,15	10,26	0,00	12,82	0,00	12,82	0,00
F	2,56	0,00	-	-	-	-	-	-
G	4,70	0,01	5,13	0,00	2,56	0,00	4,49	0,07
J	6,41	0,00	7,69	0,00	6,41	0,00	5,77	0,07
M1	4,70	0,00	5,13	0,00	6,41	0,00	5,13	0,07
M2	7,41	0,08	7,05	0,00	7,69	0,00	6,41	0,00
V	4,42	0,07	4,49	0,07	4,27	0,05	5,13	0,00

La contracción lineal de una pieza cocida debe quedarse por debajo del 8% para que la pieza tenga un comportamiento mecánico adecuado[40]. Una contracción por encima de este valor podría causar problemas de rotura y microtensiones[41]. Teniendo esto en cuenta, todas las probetas tienen un comportamiento adecuado de contracción por secado exceptuando Dr1 y Dr2, que superan el 12% (tabla 8).

Por otro lado, y como se ha podido confirmar visualmente en el proceso de elaboración de las probetas (apartado 2.3 del CD), BT2 ha sufrido la aparición de fisuras por expansión, por lo que este proceso ha sido igualmente perjudicial, dando lugar a un producto defectuoso, CRd, con un exceso de agua de amasado, ha sufrido una expansión en secado y a 850°C, por causas desconocidas. Aún más acusado es este efecto en CRi2, llegando al 2% de expansión en sus cuatro medidas, sin que visualmente en el proceso se hayan producido deterioros.

Como se puede apreciar en la tabla 6, la desviación estándar se encuentra dentro de parámetros tan ajustados que indica que las medidas son iguales en todas las probetas, lo que valida los resultados obtenidos.

[40] KORNMANN (2009); WENG et alii (2003).
[41] MEKKI et alii (2008).

3.2. CARACTERIZACIÓN DE PROBETAS COCIDAS

<u>Fluorescencia de rayos X (XRF)</u>
Se emplea para identificar y cuantificar elementos mayoritarios y minoritarios. Debido a las limitaciones de esta técnica, que no detecta elementos con z<11, se realiza también la medida de pérdida de masa por calcinación (LOI) que permite calcular el contenido en agua y carbono.

Los resultados se presentan en forma de tablas, calculando los elementos mayoritarios en porcentaje (%) y los elementos minoritarios en partes por millón (ppm).

MUESTRA	Tabla 7. COMPONENTES MAYORITARIOS DE XRF (%)										LOI
	SiO_2	Al_2O_3	Fe_2O_3	MnO	MgO	CaO	Na_2O	K_2O	TiO_2	P_2O_5	
B	40,9	14,5	4,9	0,1	2,8	16,7	0,5	2,4	0,7	0,1	16,2
BT1	50,2	8,9	3,7	0,1	5,0	10,12	0,7	1,3	0,5	0,1	20,2
BT2	62,3	17,1	7,8	0,1	1,0	0,9	0,6	2,1	0,9	0,1	7,0
CB1	59,9	14,8	6,7	0,1	1,3	3,9	0,8	1,8	0,8	0,1	9,6
CB2	55,0	17,4	8,1	0,1	1,4	5,1	0,8	2,0	0,7	0,1	9,2
CRd	51,5	12,1	4,7	0,1	4,5	9,8	0,5	2,0	0,7	0,1	13,7
CRii	50,3	10,6	4,7	0,1	4,6	11,4	0,5	1,7	0,8	0,1	15,1
CRis	55,4	11,0	4,7	0,1	3,8	9,1	0,5	1,8	0,9	0,1	12,4
D1	42,3	18,5	5,6	0,1	3,4	10,1	0,7	3,2	0,8	0,1	14,8
D2	40,9	17,6	4,9	0,1	5,4	9,7	0,9	3,0	0,7	0,1	16,5
D3	37,5	21,5	5,7	0,1	3,8	9,9	1,1	4,1	0,7	0,1	15,1
Dr1	46,2	18,2	6,6	0,4	2,9	5,8	0,7	3,4	0,8	0,1	14,4
Dr2	48,9	19,8	7,3	0,4	2,8	3,1	0,6	3,8	0,8	0,1	11,9
F	31,8	11,7	3,9	0,1	3,1	24,8	0,3	1,6	0,5	0,1	21,9
G	52,7	25,6	7,4	0,1	0,9	0,4	1,3	3,7	0,8	0,2	6,65
J	37,2	16,5	4,9	0,1	3,1	13,5	0,6	3,1	0,6	0,1	17,1
M1	38,9	16,9	5,4	0,1	2,5	14,7	0,8	3,1	0,7	0,1	16,3
M2	37,7	16,1	4,9	0,1	3,5	14,1	0,9	2,9	0,6	0,1	17,2
V	38,8	16,4	5,1	0,1	4,2	13,4	0,5	2,9	0,7	0,1	17,6

LOI – pérdida de peso por calcinación.

MUESTRA	Tabla 8. COMPONENTES MINORITARIOS DE XRF (ppm)													
	S	Cl	V	Cr	Ni	Cu	Zn	Ga	As	Rb	Sr	Y	Zr	Ba
B	287	83	0	139	47	64	91	17	0	94	238	19	245	388
BT1	x	x	106	68	24	14	58	9	13	46	84	16	175	230
BT2	x	x	180	121	45	21	76	18	29	87	67	26	244	323
CB1	x	x	173	110	41	72	78	16	23	73	85	28	218	314
CB2	x	x	174	116	45	41	76	19	25	85	88	27	167	353
CRd	x	x	148	82	36	41	88	13	14	73	126	20	255	301
CRii	x	x	132	72	31	10	72	11	13	59	121	19	290	274
CRis	x	x	132	80	30	8	73	11	13	61	107	20	275	277
D1	365	132	0	135	55	62	113	22	25	126	283	22	191	481
D2	212	391	0	120	48	50	87	17	0	108	210	21	229	367
D3	636	124	0	178	57	67	121	26	25	172	335	14	129	522
Dr1	361	204	0	165	110	135	136	23	0	139	258	22	166	342
Dr2	286	93	0	162	121	140	149	26	0	155	224	22	176	387
F	79	55	0	0	39	57	75	9	0	72	142	18	218	282
G	66	112	0	168	63	72	105	24	99	142	127	32	371	532
J	11347	109	0	124	56	64	96	24	0	117	1129	17	166	410
M1	842	113	134	96	76	63	107	23	0	132	375	21	189	439
M2	6521	86	0	116	53	59	95	21	0	126	364	19	167	370
V	335	67	0	131	46	59	100	16	0	116	365	17	180	393

x – elemento no medido.

Dentro de los componentes mayoritarios (tabla 7), los más abundantes son los relativos a la cantidad en sílice (SiO_2), alúmina (Al_2O_3), calcio (CaO) e hierro (Fe_2O_3). En general, todos los yacimientos son bastante ricos en aluminio. El contenido en calcio, es bastante alto, a excepción de las muestras BT2, CB1, G y Dr2 que se quedan por debajo del 4%, mientras que el resto se encuentra por encima del 6%, límite sobre el cual se consideran ya arcillas calcáreas[42].

Destaca en este sentido el caso de F, que contiene en total un porcentaje cercano al 50%, lo que convierte a esta arcilla en una marga. Esto explica por qué esta muestra en concreto no aguantó el proceso de inmersión en agua tras la cocción, fracturándose por completo.

El porcentaje en hierro presente se establece en un rango más corto, 4-8%, siendo bastante similar en todas las muestras.

El resto de componentes mayoritarios se encuentra en porcentajes bastante bajos, a excepción del magnesio (BT1, CRd, CRi1 y D2) y las cantidades de manganeso (Dr1 y Dr2) y potasio (G) en algunos yacimientos.

Mediante esta técnica analítica se perciben indicios de elementos marcadores minoritarios (Sr en J, S en D3, J, M1, M1 y M2, V en BT, CB, CR y M1, Zr en B, BT2, CB1, CR, D2 y F, Cl en D2, Cr y Zn en D3, Dr1, Dr2 y G, Ni y Cu en Dr1 y Dr2, y As en G), que deberán ser corroborados por muestreos más exhaustivos, confirmando si se mantienen los patrones y si se trata del mismo afloramiento.

Estos datos indican que debemos buscar fases minerales que justifiquen la presencia de azufre y estroncio en J, como por ejemplo la celestina, de vanadio y arsénico en M1, como son la vanadinita y la arsenopirita, o Cr en todos los yacimientos de Diezma.

<u>Difracción de rayos X (XRD)</u>

Además de cuantificar las fases minerales de las muestras, estima también la cantidad de fase amorfa o vítrea desarrollada en la terracota durante el proceso de cocción.

Tabla 9. CONCENTRACIÓN DE FASES MINERALES EN PROBETAS COCIDAS (%)												
MUESTRA	Q	C	D	Pl/Fds	Geh	Hem	Di	Ill	Woll	Mull	Melt	Gyp
B 850	80	5	-	5	5	tz	-	tz	-	-	5	-
B 900	85	-	-	tz	10	tz	tz	tz	-	tz	5	-
B 950	80	-	-	tz	10	tz	5	tz	-	tz	5	-

---

[42] BARAHONA (1974).

BT1	850	80	10	tz	tz	-	-	-	tz	-	-	5	-
	900	80	tz	-	tz	10	-	-	tz	-	-	5	-
	950	75	5	-	5	5	tz	tz	tz	-	-	5	-
BT2	850	90	-	tz	tz	-	-	-	tz	-	-	5	-
	900	90	-	-	tz	-	-	-	tz	-	-	5	-
	950	90	-	-	tz	-	-	-	tz	-	-	5	-
CB	850	90	5	-	tz	-	-	-	5	-	-	5	-
	900	95	tz	-	tz	-	-	-	tz	-	-	5	-
	950	90	tz	-	5	-	-	-	tz	-	-	5	-
CRd	850	80	tz	tz	tz	5	-	-	5	-	-	5	-
	900	75	tz	tz	5	5	-	-	5	-	-	5	-
	950	85	tz	-	5	5	tz	tz	tz	-	-	5	
CRii	850	65	10	-	10	-	-	-	10	-	-	5	-
	900	65	5	-	tz	15	-	tz	10	-	-	5	-
	950	70	5	tz	tz	15	tz	tz	5	-	-	5	-
CRis	850	90	tz	tz	tz	-	-	-	tz	-	-	5	-
	900	85	tz	tz	tz	5	-	-	tz	-	-	5	-
	950	75	tz	-	5	10	tz	tz	tz	-	-	5	-
D1	850	60	5	-	tz	5	tz	-	25	-	-	5	-
	900	60	-	-	5	5	5	-	20	-	-	5	-
	950	60	-	-	5	5	5	-	20	-	-	5	-
D2	850	85	5	-	tz	tz	tz	-	5	-	-	5	-
	900	80	tz	-	5	10	5	tz	tz	-	-	5	-
	950	80	-	-	5	10	5	tz	tz	-	-	5	-
D3	850	40	-	-	10	15	5	-	25	-	-	5	-
	900	35	-	-	10	20	10	10	5	-	-	10	-
	950	30	-	-	15	10	10	10	5	5	-	15	-
Dr1	850	45	tz	-	10	10	10	-	20	-	-	5	-
	900	45	-	-	10	10	10	-	15	-	-	10	-
	950	50	-	-	15	10	10	-	tz	-	-	15	-
Dr2	850	60	-	-	5	-	5	-	20	-	-	10	-
	900	65	-	-	10	-	5	-	10	-	-	10	-
	950	60	-	-	15	-	15	-	tz	-	-	10	-
F	850	55	10	-	tz	-	tz	-	30	-	-	5	-
	900	55	10	-	tz	5	tz	-	30	tz	-	5	-
	950	65	-	-	-	5	-	-	25	tz	-	5	-
G	850	55	tz	tz	5	-	tz	-	35	-	-	5	-
	900	65	-	-	tz	-	tz	-	30	-	tz	5	-
	950	65	-	-	tz	-	5	-	20	-	tz	10	-
J	850	50	5	-	10	10	5	-	15	-	-	5	-
	900	50	-	-	10	10	5	5	10	-	-	10	-
	950	50	-	-	10	10	5	5	10	-	-	10	-
M1	850	40	-	-	10	10	5	5	25	-	-	5	-
	900	45	-	-	10	10	5	5	20	-	-	5	-
	950	40	-	-	10	10	5	10	15	-	-	10	-
M2	850	40	5	-	15	5	5	-	25	-	-	5	-

		Q	C	D	Pl/Fds	Geh	Hem	Di	Ill	Woll	Mull	Melt	Gyp
	900	40	-	-	10	10	5	5	25	-	-	5	-
	950	35	-	-	10	15	5	10	15	-	-	10	-
V	850	60	5	-	5	tz	tz	-	25	-	-	5	-
	900	55	-	-	5	5	5	tz	25	-	-	5	-
	950	50	-	-	5	10	5	5	20	-	-	5	-

Q – cuarzo; C – calcita; D – dolomita; Pl/Fds– plagioclasas/feldespatos; Geh – gehlenita; Hem – hematites; Di – diópsido; Ill – illita; Woll – wollastonita; Mull – mullita; Melt – fase amorfa; Gyp - yeso; tz – trazas.

Los minerales más característicos a destacar son el cuarzo en gran cantidad en BT2 y CB1 (90-95%, tabla 9) y en una proporción alrededor del 45% en D3, Dr1, M1 y M2, la wollastonita en F, mullita en B y G, diópsido en mayor cantidad en D3, J, M1 y M2 y los elevados niveles de fase amorfa (probablemente fundido) de D3, Dr1 (15% a 950 °C) y Dr2 (10% a 850 °C). También es llamativa la elevada proporción de filosilicatos a 950 °C en M1 y M2 (15%), y sobre todo en D1, F, G y V (≥20%).

La cantidad de plagioclasas es especialmente abundante en D3, Dr1, Dr2, J, M1 y M2, y en general se transforman de oligoclasas a anortitas por la sustitución del Na por el Ca. Sólo en el caso de D3, Dr1 y BT1 la proporción de plagioclasas aumenta también de manera sensible por la parcial descomposición de la gehlenita.

Es extraño encontrar calcita en alguna de las muestras cocidas a 900 °C (BT1, CB1, CRd, CRi1, D2 y F). Seguramente al sumergirlas en agua tras la cocción las probetas reabsorbieron algo de calcita.

Cruzando estos datos, se observa que en los yacimientos que no contienen carbonatos, o que los contienen en muy bajas cantidades, se forma mullita a partir de los 900 °C. Y que solamente aquél que contenía una cantidad excesiva de carbonatos respecto a los filosilicatos, F, ha formado wollastonita desde los 900 °C. D3 también presenta wollastonita en D3 950.

La fase neoformada más habitual es la gehlenita, más abundante en D3 en detrimento de la cantidad de cuarzo, que disminuye en un 10%, y es prácticamente lo que aumenta la proporción de la misma. Esto tal vez se explique por la granulometría muy pequeña de los cristales de cuarzo que reaccionen más rápidamente con los carbonatos, algo que habrá que comprobar por POM y SEM-EDX.

En todos los casos se cumplen las premisas marcadas por CULTRO-NE (2001), que establecen comportamientos propios de la transformación de la arcilla por la cocción:

- Por debajo de los 800 °C se descomponen tanto calcita como dolomita.
- La gehlenita aparece exclusivamente en las muestras con carbonatos a partir de los 800 °C.
- Diópsido y wollastonita aparecen en las muestras con carbonatos a altas temperaturas.
- La mullita aparece en temperaturas superiores a los 800 °C.
- La fase vítrea prevalece en las muestras con carbonatos hasta los 900 °C, siendo mayor el fundido a temperaturas más altas en aquellas muestras que no contienen carbonatos[43].

La única premisa que no se cumple es la relativa a los filosilicatos, ya que la illita deshidratada es perceptible en todos los yacimientos cocidos a 950 °C, y de forma abundante en D1, F, G, M1, M2 y V (en una cantidad inferior o igual al 15%). Lo que difiere de la pauta de interpretación establecida para estos casos, basados en la bibliografía con respecto al termómetro mineralógico. Como se ha comentado anteriormente, deberá comprobarse mediante microscopía si esta anomalía es debida al tamaño de grano de los filosilicatos, que permitan una menor reactividad de los mismos al calor.

Microscopía óptica de polarización (POM)
Con este ensayo se estudia la textura, porosidad, formación de fase vítrea y transformación mineralógica según las distintas temperaturas de cocción.

Los yacimientos de granulometría más fina son Dr1 y Dr2, que han adquirido una densidad mayor a menores temperaturas, y tanta densidad ha provocado fisuras por contracción. D3 tiene una granulometría algo mayor, que no ha dado lugar a tanto fundido, si bien se han desarrollado

---

[43] CULTRONE (2001); CULTRONE et alii (2001).

también fisuras por contracción. D2, M1 y M2 tienen una mayor granulometría y porosidad y tamaño de grano algo más heterogéneo, lo que ha evitado la formación de fisuras, sin mermar por ello la cohesión de las piezas. Aún más heterogéneas, y de tamaño de grano algo mayor, son B, BT1, CRd, CRi1, CRi2, D1, G, J y V; manteniendo también, como el grupo anterior, una cohesión adecuada. Un aspecto más particular lo presentan BT2 y CB1 que combinan una elevada heterogeneidad de grano con una matriz muy densa y oscura, altamente vitrificada como sucede en Dr1 y Dr2. Por último, F es el yacimiento más heterogéneo, con una porosidad mayor hasta el punto de que su cohesión es deficiente, provocando disgregaciones y grietas.

Los yacimientos que han reaccionado más tempranamente al calor, presentando mayores niveles de transformación de los carbonatos y los filosilicatos a 850 ºC, son principalmente Dr1 y Dr2, seguidos de BT2 y CB1, con una matriz más vitrificada, y D3 y D2 que se encuentran entre aquellos de menor granulometría. Llegados a los 900 ºC de cocción, todos los yacimientos muestran ya colores de interferencia en los filosilicatos y carbonatos que indican una transformación acusada, a excepción de CRd, BT2 y F, que tienen que llegar a los 950 ºC para presentar mayor transformación, debido en parte a la presencia de filosilicatos de gran tamaño.

En general, no hay una variedad significativa de diferenciación granulométrica entre los yacimientos estudiados, por lo que podemos agruparlos simplificándolos según cuatro patrones de texturas como puede apreciarse en la figura 4.

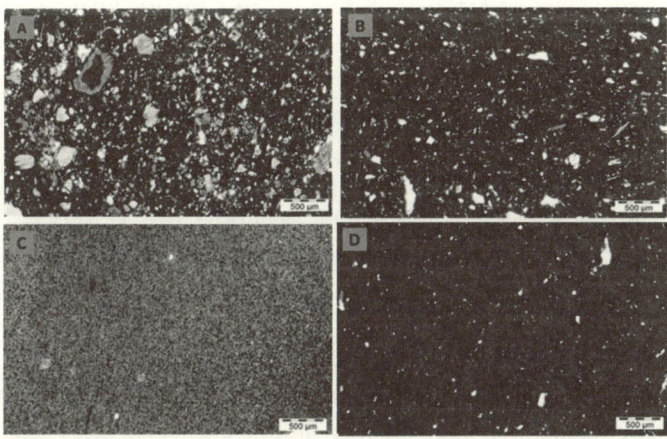

Figura 4. A – textura típica de las muestras B, BT1, CRd, CRii, CRis, D1, G, J y C; **B** – textura típica de las muestras M, D2 y G; **C** – textura típica de la muestra D3; **D** – textura típica de las muestras BT2, CB1, Dr1 y Dr2.

Microscopía electrónica de barrido de alta resolución con microanálisis de energía dispersiva de rayos X (SEM-EDX)

Este método estudia la microtextura y permite el análisis químico puntual a partir de una lámina delgado-pulida metalizada con carbón. Esta técnica ayuda a comprender las transformaciones mineralógicas provocadas en los procesos de cocción, e identificar y corroborar fases minerales halladas con otros métodos de examen, incluso detectar elementos en traza.

En los yacimientos estudiados hemos podido apreciar que, tras la cocción, se han producido importantes transformaciones en la mineralogía y el sistema poroso, si bien de forma muy distinta entre unos y otros, tendiendo, ante el aumento de temperatura, a crear mayor unión entre los granos y el desarrollo de una porosidad secundaria.

A 850 °C todas las muestras comparten la exfoliación de los filosilicatos a lo largo de sus planos basales, debido a la pérdida de los oxidriles OH[44]. No obstante, se pueden dividir los yacimientos en dos grupos: aquellos que presentan ya a 850 ºC una vitrificación acusada y los que la evidencian a 950 ºC. Las muestras CRd, D1, D2, F y G presentan una interconexión entre partículas limitada, siendo G la mejor cohesionada, y F la más deficiente. En el extremo opuesto, BT1, BT2, CB1, CBi1, CRi2, D3, Dr1, Dr2, J, M1, M2 y V presentan ya a baja temperatura una elevada vitrificación, siendo las más vitrificadas BT1, BT2, Dr1, Dr2 y D3. Este comportamiento no se debe solamente a la granulometría de las muestras (muy fina en BT2, Dr1, Dr2 y D3), sino también a su composición, ya que CRi1, J, M1 y M2 contienen una concentración igual o superior al 30% de carbonatos (tabla 2), lo que favorece la fusión de la masa a bajas temperaturas. En efecto, minerales como la calcita y la dolomita suelen utilizarse en materiales cerámicos como componentes fundentes de bajas temperaturas[45]. Por el contrario, CB1, CRi2, D1, D2 y G contienen hasta un 20% de carbonatos, además de un tamaño de grano mayor. La única excepción es F que, por el exceso en carbonatos y escasez en filosilicatos y cuarzos, no permite una correcta elaboración de las piezas. Este efecto, de mayor fusión a baja temperatura, también se ve favorecido por la presencia de minerales como la ilmenita[46] y, efectivamente, los yacimientos BT2, CB1, D3, Dr1, Dr2, y M1 son los que contienen mayor proporción de hierro según XRF (tabla 7) y gran cantidad de titanio, y aunque G también contiene una elevada proporción de hierro, su granulometría mayor y escasez de carbonatos no favorecen la fusión.

Como ya se había detectado por XRD, la formación de fases neoformadas es más abundante en D3, Dr1, J y M1, siendo la gehlenita la más común (tabla 9). Esta fase procede de la descomposición de los carbonatos y la reacción del óxido de calcio con los filosilicatos, de acuerdo con la reacción ya descrita en el apartado 5.2. del CD.

[44] CULTRONE (2013).
[45] RODRÍGUEZ et alii (2009); RODRÍGUEZ et alii (2012).
[46] KENNETHS et alii (1953); WAHL (1965).

Especialmente reactivas y de comportamiento muy diferenciado en los distintos yacimientos han sido los granos de dolomita, ya que empiezan a descomponerse antes que la calcita[47], favoreciendo la cristalización de diópsido por reacción con la sílice. La calcita, por otro lado, da lugar a la formación de gehlenita principalmente y, en menor medida, wollastonita.

A 950 ºC el nivel de fusión de la masa arcillosa está más extendido, y la porosidad secundaria es mucho más evidente por el desarrollo de poros de forma redondeada, sobre todo en el interior de los filosilicatos. La porosidad intergranular, en la mayoría de los casos (a excepción de Dr1 y Dr2) sigue manteniendo formas irregulares aunque sus bordes se suavizan. Los filosilicatos, principalmente los de tamaño menor, son los que más acusan la fusión, tendiendo a unirse entre sí y con los granos adyacentes. Es en las muestras con menor proporción de carbonatos donde la vitrificación a alta temperatura es más acusada, ya que, si bien éstos actúan como fundentes a baja temperatura[48], no acentúan la vitrificación por encima de los 800 ºC[49], aportando estabilidad a la pieza cocida. No obstante, se observa una mayor formación de minerales neoformados en aquellos yacimientos con una granulometría mayor: D2, M1, M2 y V. La muestra B también cumple esta norma, aunque en este caso se debe a su granulometría heterogénea, ya que al contener filosilicatos de tamaño muy pequeño acentúa la fusión debido a la liberación del agua estructural por deshidroxilación[50].

En el caso de los yacimientos de Cerro del Oro, Barranco de Espantazorras y Barranco de Cenes, éste ha sido el único análisis que se ha realizado hasta el momento. En estos yacimientos se ha podido detectar claramente, y de manera particular, tierras raras como la allanita y la monacita, minerales propios del desmonte del sistema Alpujárride Superior (figs. 5 y 6). Estas mismas tierras también se han encontrado en Jun,

---

[47] RODRÍGUEZ NAVARRO et alii (2009 y 2012).
[48] SEGNIT y ANDERSON (1972).
[49] NÚÑEZ et alii (1992); EVERHART (1957).
[50] BREARLEY y RUBIE (1990).

Diezma gris y roja, Barranco del Tejar y Cuevas de Ravé, por lo que pueden apuntarse como elementos marcadores de procedencia o atribución geográfica granadina de una arcilla. De igual modo, la presencia de oro (fig. 7) en los cuatro niveles del Cerro del Oro también podría entenderse como elemento marcador y constatar la reutilización de las arcillas procedentes de los lavaderos de las minas de oro situadas en este enclave geográfico.

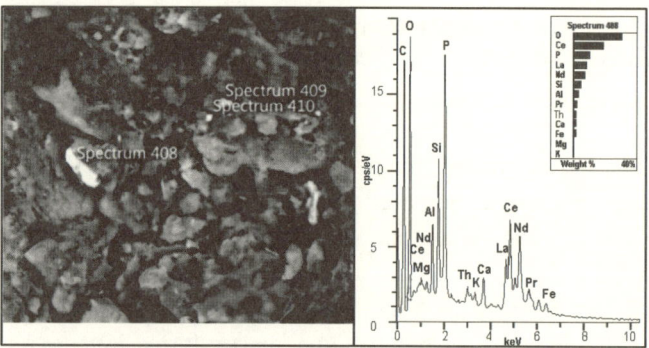

Figura 5. Identificación por SEM-EDX de monacita en los yacimientos de Barranco del Tejar, Cuevas de Ravé, Diezma roja Cerro del Oro, Barranco de Espantazorras, Barranco de Cenes y Jun.

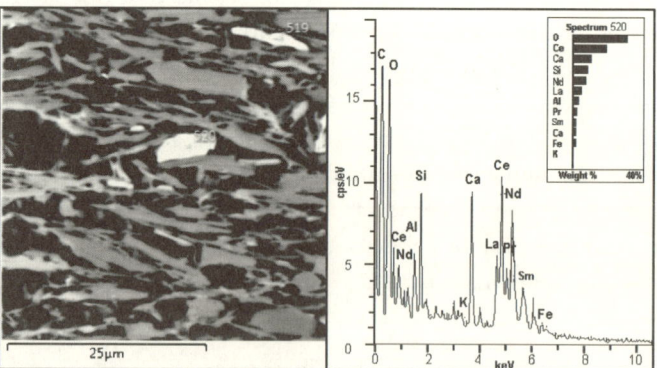

Figura 6. Identificación por SEM-EDX de allanita en los yacimientos de Jun, Barranco del Tejar, Cuevas de Ravé, Cerro del Oro, Barranco de Espantazorras, Barranco de Cenes, Diezma gris y Monachil.

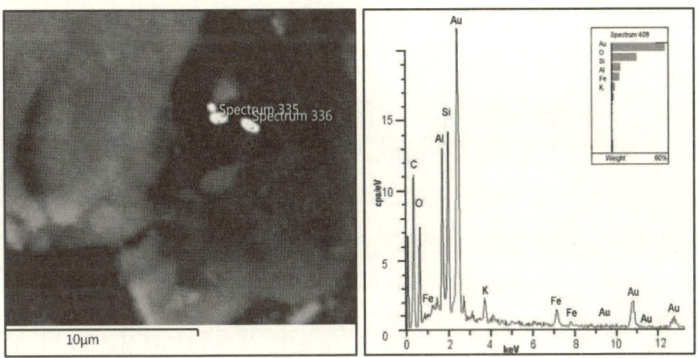

Figura 7. Identificación por SEM-EDX de oro Cerro del Oro.

Ensayos hídricos (HT)

Este método de análisis ha sido aplicado sobre las probetas para especificar las propiedades hídricas de los yacimientos y determinar el índice de desviación estándar del ensayo, de acuerdo con la normativa. Informa indirectamente de la durabilidad del material al ayudarnos a establecer la mayor o menor probabilidad que tiene una pieza acabada de sufrir alteraciones relacionadas con la circulación de agua en su sistema poroso: colonización de microorganismos y las consecuentes alteraciones de hidrólisis, hidratación y oxidación de componentes, deterioros por gelifracción, por aumento de volumen por hidratación de arcillas hinchables, ataque químico por variación del pH, movilización y recristalización de sales y otros contaminantes existentes en el material o procedentes del exterior solubles en agua, ...[51]

También es una base de información importante acerca de las propiedades petrográficas (textura y composición mineralógica), no solamente por la cantidad de agua retenida, sino por la movilidad de ésta en su seno. Ello se debe a la estructura del sistema poroso y a factores tan variados como la anisotropía del material, el nivel de unión intergra-

[51] BREARLEY y RUBIE (1990).

nular, la interconexión de poros, por el propio radio de acceso de poros, o por presencia de fisuras y grietas.

Tabla 10.RESULTADOS DE LOS ENSAYOS HÍDRICOS								
MUESTRA		A_b (%)	A_f (%)	A_z (%)	ρ_b (g/cm³)	ρ_{sk} (g/cm³)	S (%)	Di	Po (%)
B	850	19,14	19,63	2,55	1,74	2,64	89,58	0,95	34,17
	900	20,30	20,75	2,23	1,72	2,68	89,96	0,94	35,74
	950	21,07	22,16	5,15	1,69	2,71	85,43	0,94	37,55
BT1	850	22,87	25,37	10,88	1,57	2,57	84,03	0,38	39,06
	900	28,89	33,09	14,69	1,43	2,71	84,57	0,37	47,02
	950	22,71	26,11	15,01	1,28	1,92	83,49	0,37	33,41
BT2	850	15,07	15,62	3,69	1,85	2,62	82,13	0,29	29,05
	900	14,72	15,29	3,87	1,87	2,62	81,29	0,29	28,62
	950	14,59	15,89	8,93	1,91	2,74	85,61	0,29	30,36
CB	850	15,07	15,63	3,69	1,86	2,62	82,13	0,29	29,05
	900	14,72	15,29	3,87	1,87	2,62	81,30	0,29	28,62
	950	14,59	15,89	8,93	1,91	2,74	85,61	0,29	30,36
CRd	850	22,20	22,70	2,25	1,69	2,54	94,03	0,43	35,75
	900	25,19	25,94	2,99	1,64	2,56	92,29	0,47	39,93
	950	24,22	25,31	4,55	1,66	2,52	92,09	0,44	38,96
CRii	850	21,40	22,28	4,14	1,68	2,47	92,87	0,32	35,47
	900	21,96	23,95	9,08	1,66	2,52	88,70	0,32	37,62
	950	23,44	26,64	13,62	1,63	2,58	85,85	0,31	40,70
CRis	850	18,58	18,82	1,29	1,69	2,49	92,29	0,46	31,88
	900	18,90	19,07	0,92	0,84	2,49	92,02	0,45	32,06
	950	19,09	19,13	0,15	1,65	2,42	96,04	0,46	31,61
D1	850	23,30	24,46	4,95	1,61	2,66	85,04	0,91	39,43
	900	26,05	27,13	4,14	1,59	2,81	82,94	0,92	43,28
	950	25,54	26,91	5,39	1,59	2,79	80,61	0,90	42,92
D2	850	28,04	30,82	10,02	1,45	2,63	83,88	1,00	44,76
	900	30,74	32,82	10,82	1,44	2,72	86,11	0,99	47,23
	950	34,37	37,51	9,20	1,39	2,89	81,72	0,96	52,04
D3	850	31,57	35,97	13,94	1,39	2,79	74,91	0,95	50,06
	900	32,70	36,29	10,98	1,40	2,86	77,38	0,94	50,98
	950	33,20	34,86	5,01	1,43	2,85	81,19	0,92	49,84
Dr1	850	11,35	12,64	11,33	1,47	1,85	86,65	0,98	18,46
	900	6,06	6,39	3,60	1,30	1,59	62,16	0,68	12,43
	950	8,64	9,02	4,43	1,92	2,32	94,18	0,96	17,28
Dr2	850	12,90	13,95	8,32	1,94	2,66	81,24	1,03	27,08
	900	9,94	11,25	13,10	2,01	2,60	77,09	1,04	22,64
	950	6,57	6,95	5,72	2,12	2,48	85,28	0,99	14,72
F	850	26,85	18,42	1,92	1,01	1,74	58,35	0,67	27,90
	900	31,64	32,34	2,24	1,44	2,69	89,37	1,09	46,58
	950	27,60	28,37	2,78	1,51	2,66	86,36	0,92	42,99
G	850	21,47	21,50	0,13	1,71	2,71	86,87	1,08	36,81

	900	21,48	21,50	0,22	1,71	2,70	85,63	1,08	36,78
	950	20,92	21,13	0,99	1,72	2,70	84,41	1,08	36,35
	850	22,49	23,31	3,66	1,66	2,72	84,33	0,93	38,80
J	900	23,35	24,10	3,19	1,65	2,74	80,37	0,92	38,74
	950	25,81	26,46	2,54	1,61	2,79	77,92	1,08	42,51
	850	26,12	26,83	2,70	1,61	2,84	83,28	0,98	43,30
M1	900	26,58	27,69	4,19	1,59	2,86	81,02	0,98	44,17
	950	27,30	27,99	2,55	1,59	2,85	80,74	0,98	44,41
	850	29,50	30,68	4,03	1,51	2,82	83,14	1,02	46,43
M2	900	30,16	30,54	1,27	1,50	2,78	87,31	0,96	45,90
	950	30,24	30,55	1,02	1,49	2,73	87,17	0,90	45,45
	850	23,00	23,68	2,97	1,66	2,75	85,04	0,98	39,42
V	900	23,32	24,09	3,27	1,65	2,74	85,11	0,98	39,76
	950	24,95	25,98	4,14	1,62	2,79	80,90	0,96	42,06

Ab– absorción libre; Af – absorción forzada; Ax– interconexión de poros; ρ_b – densidad aparente; ρ_{rk} – densidad real; S – Coeficiente de saturación; Di – Índice de desorción; Po – porosidad abierta.

Los yacimientos con mejor comportamiento hídrico son BT2, CB1, Dr1, Dr2, G y M1, ya que BT2, CB1, Dr1 y Dr2 absorben muy poca cantidad de agua, eliminándola por completo (Ab y Af <16%, tabla 10), mientras que G y M1 absorben una mayor cantidad de agua (21 y 26%, tabla 10), pero también la eliminan muy rápidamente y prácticamente por completo. Los yacimientos con peor comportamiento son B, BT1, CRd, CRi1, D1, D2, D3, M2 y V, debido al elevado nivel de retención de agua y su lentitud de secado. El yacimiento de El Fargue ha sido desechado dado que el material en el mejor de los casos se fisuraba de forma acusada y, en el peor, llegaba a desintegrarse.

Los yacimientos G y M1 han mostrado un comportamiento muy similar entre ellos, y son los de mejor comportamiento ya que aunque absorben una importante cantidad de agua la eliminan con mucha rapidez y casi por completo.

Dr1 y Dr2 cocidas a 850 y 900 ºC absorben muy poca agua y son capaces de eliminarla casi toda en un tiempo medio comprendido entre 300 y 700 horas. Por otra parte, las probetas cocidas a 950 ºC no son aconsejables porque retienen el agua durante más tiempo, no llegando a eliminarla correctamente.

Los yacimientos B, BT1, CRd, CRii, D1, D2, D3, M2 y V son los peores ya que las muestras absorben mucha agua y sobre todo porque se secan muy lentamente y no consiguen eliminarla por completo.

Porosimetría de inyección de mercurio (MIP)

Esta técnica permite determinar la distribución del tamaño de poro, su radio, la cantidad, tortuosidad del sistema poroso y delimitar, por comparación con otras probetas o piezas acabadas, la evolución por factores de alteración químicos y físicos, como aparición de fracturas o fisuras, o de nuevas familias de poros por disoluciones parciales, ataques ácidos o cristalización de sales.

Tabla 11. RESULTADOS DE POROSIMETRÍA DE INYECCIÓN DE MERCURIO

MUESTRA	T °C	A.T. (m²/g)	ρ_{sk} (g/mL)	ρ_b (g/mL)	Po (%)	STEM (%)	PESO (g)
B	850	3,98	2,69	1,72	36,39	81	1,49
	900	2,77	2,72	1,70	37,33	83	1,48
	950	2,69	2,77	1,70	38,61	85	1,47
BT1	850	4,77	2,14	1,48	30,28	55	1,07
	900	4,03	2,22	1,47	33,9	67	1,14
	950	7,21	2,22	1,45	34,55	67	1,03
BT2	850	8,00	2,33	1,73	25,75	33	0,87
	900	6,25	2,49	1,82	27,08	37	0,98
	950	3,35	2,28	1,73	23,94	34	0,96
CB1	850	8,19	2,40	1,62	32,70	46	0,89
	900	4,17	2,42	1,64	32,17	58	1,16
	950	2,46	2,42	1,63	32,55	51	1,00
CRd	850	0,16	1,69	1,47	13,24	20	0,89
	900	5,92	2,40	1,49	38,03	72	1,10
	950	3,91	2,31	1,43	38,03	71	1,05
CRi1	850	7,10	2,34	1,57	32,99	53	0,99
	900	3,98	2,24	1,48	33,79	56	0,97
	950	4,77	2,47	1,52	38,39	63	0,97
CRi2	850	1,27	3,51	1,57	55,10	89	1,00
	900	4,51	2,35	1,61	31,43	56	1,14
	950	3,90	2,36	1,54	34,42	57	1,01
D1	850	3,74	2,76	1,63	37,39	82	1,27
	900	3,68	2,79	1,63	41,60	76	1,17
	950	2,54	2,90	1,64	43,25	78	1,16
D2	850	4,42	2,77	1,55	44,15	59	0,81

	900	3,68	2,71	1,47	45,59	83	1,05
	950	3,28	2,91	1,50	48,26	72	0,88
	850	3,74	2,89	1,50	48,05	89	1,09
D3	900	2,94	2,96	1,51	48,86	88	1,07
	950	2,72	3,02	1,53	49,16	83	1,02
	850	10,96	2,69	2,00	25,73	49	1,49
Dr1	900	14,94	2,73	2,05	24,79	43	1,39
	950	14,71	2,64	2,00	24,37	47	1,50
	850	10,59	2,72	2,04	25,14	46	1,45
Dr2	900	6,70	2,67	2,05	23,19	40	1,37
	950	6,87	2,67	2,13	20,18	36	1,50
	850	5,82	2,41	1,51	37,57	88	1,39
F	900	2,69	2,52	1,52	39,76	62	0,93
	950	4,07	2,57	1,56	39,49	64	0,99
	850	7,36	2,95	1,82	38,40	84	1,55
G	900	4,36	2,78	1,75	37,21	85	1,57
	950	2,79	2,78	1,77	36,12	73	1,41
	850	3,14	2,77	1,66	39,95	90	1,47
J	900	3,08	2,78	1,67	39,79	71	1,17
	950	2,79	2,87	1,62	43,55	77	1,12
	850	2,59	2,87	1,62	43,62	77	1,12
M1	900	2,23	2,88	1,61	44,12	78	1,11
	950	1,82	2,94	1,62	44,80	90	1,27
	850	5,39	2,77	1,54	44,42	83	1,13
M2	900	2,64	2,87	1,52	46,94	85	1,08
	950	0,92	2,39	1,49	37,93	95	1,08
V	850	6,36	2,65	1,68	36,71	84	1,50
	900	5,30	2,77	1,68	39,16	83	1,40
	950	2,68	2,81	1,64	41,76	88	1,35

A.T. - área específica superficial; ρ_{dk} – densidad real; ρ_b- densidad aparente; **Po** – porosidad abierta; **STEM** – llenado del vástago; **PESO** – peso de la muestra.

Los resultados de porosidad obtenidos responden claramente a las características de tamaño de grano de las materias primas, nivel de transformación mineral y composición mineralógica, definidas por las técnicas de análisis anteriores. En general, conforme aumenta la temperatura de cocción se observa un aumento del tamaño de poro (tabla 11). Es el caso de BT2, CB1, CRi1, CRi2, D3, Dr2 F, J, M1, M2 y V, y se debe al aumento de porosidad en los lugares de las muestras dejados libres por los carbonatos tras su descomposición. El caso contrario, es decir, el aumento de porosidad en tamaños más pequeños, se da en los yacimientos BT1, CRd, D1, D2 y Dr1. Este efecto es mucho menos acusado y evidente que el descrito anterior-mente, siendo las variaciones muy pequeñas, y se deben principalmente a la modificación de la porosidad primaria (de tamaño mayor), formación de porosidad cerrada en los filosilicatos y aumento de micro-porosidad por la fusión y vitrificación de la matriz.

Predomina la porosidad en el rango de poros comprendido entre 1 y 0,1 µm en todos los yacimientos menos en BT1, CRd y F (mayor de 1 µm) y Dr1 y Dr2 (0,1-0,01 µm)[52]. Destacan por su escasa porosidad en radios de poro más pequeños, de 0,1-0,01 µm, los yacimientos Dr1 y Dr2, de los cuales se pudo comprobar que la elevada compacidad y el tamaño de grano muy fino provocaba un lento secado de las muestras, retención de agua durante el amasado y, por tanto, fisuración durante la cocción, contracción de las piezas muy elevada (por encima del 12%, tabla 6) y un comportamiento hídrico poco ideal (lento secado, tabla 10). El resto de yacimientos presentan la mayoría de los poros comprendidos entre 1 y 0,1 µm principalmente, lo que implica una mayor circulación de agua por su seno; siendo la porosidad mayor en F con un valor superior o igual a 1 µm (tabla 13).

Permeabilidad al Vapor (WVP)
El estudio de la permeabilidad al vapor nos permite analizar, de una forma distinta, el flujo de humedad en el seno de la terracota, en este caso de vapor de agua. Influye también tanto el tamaño de poro, tipología y estructura del sistema poroso y grado de interconexión. Es especialmente útil para especificar qué cantidad de vapor de agua atraviesa una pieza que no está inmersa en agua, solamente por la presión de humedad atmosférica y el vapor de agua concentrado.

Viendo los yacimientos de manera individual (tabla 12), los valores de la densidad del caudal de vapor de agua (g), el coeficiente de resistencia a la difusión de vapor de agua (μ) y el espesor de la capa de aire equivalente a la difusión del vapor de agua (s_d) no presentan un patrón lineal

---

[52] Consultar en el CD las figuras 198-200 y las tablas de Rango de poro 11, 13, 14 y 15.

que indiquen una disminución estable de los valores más que en los yacimientos G, J, M1 y M2.

Con respecto a los valores de μ y s_d, en la mayoría de los yacimientos se encuentran entre 50-150 y 0,05-0,20 respectivamente, saliéndose por el margen superior B, D1, Dr1, Dr2, J, M1 y M2 (tabla 12). En g todos los yacimientos se encuentran entre 4,00E-07 y 2,40E-06 kg m^2, siendo el dato principal las diferentes tendencias y la variabilidad entre una temperatura y otra, normalmente contrarios a m y s_d.

Pese a lo consultado en la bibliografía no se han podido establecer relaciones directas entre la interconexión de poros medida por HT (tabla 10) y los procesos de permeabilidad al vapor (tabla 12), aunque sí con la mineralogía (tabla 2), siendo las arcillas dolomíticas las de valores mayores en g (BT1, CRd, CRi1, D2), compartiendo valores con aquellas probetas especialmente densas como BT2, CR1, D3 y G.

MUESTRA	T ºC	\multicolumn{3}{c}{Tabla 14. PERMEABILIDAD AL VAPOR DE AGUA}
		\multicolumn{3}{c}{TEMPERATURA DE COCCIÓN}
		g (kg·m^2·s)	μ	sd (m)
B	850	0,67E-06	253,02	0,32
	900	0,58E-06	263,50	0,37
	950	0,81E-06	185,79	0,26
BT1	850	1,93E-06	73,14	0,11
	900	1,73E-06	101,77	0,12
	950	2,27E-06	60,15	0,09
BT2	850	2,06E-06	85,40	0,10
	900	1,53E-06	106,27	0,14
	950	2,40E-06	73,28	0,09
CB1	850	2,41E-06	76,22	0,09
	900	1,42E-06	114,53	0,15
	950	1,24E-06	136,19	0,17
CRd	850	1,05E-06	167,85	0,20
	900	2,09E-06	74,79	0,10
	950	1,47E-06	99,29	0,14
CRi1	850	1,69E-06	89,59	0,13
	900	1,74E-06	86,58	0,12
	950	1,61E-06	101,30	0,13
CRi2	850	1,13E-06	133,93	0,19
	900	1,74E-06	86,90	0,12
	950	1,21E-06	109,30	0,17
D1	850	0,59E-06	284,35	0,36
	900	1,09E-06	149,29	0,19
	950	0,59E-06	275,49	0,36

D2	850	1,01E-06	166,95	0,21
	900	1,30E-06	100,08	0,16
	950	1,14E-06	132,88	0,19
D3	850	1,88E-06	86,35	0,11
	900	1,49E-06	108,82	0,14
	950	2,17E-06	78,099	0,10
Dr1	850	0,69E-06	253,97	0,30
	900	0,00	184,44	0,18
	950	0,66E-06	266,70	0,32
Dr2	850	1,10E-06	147,81	0,19
	900	0,93E-06	207,04	0,23
	950	1,58E-06	103,94	0,13
G	850	1,44E-06	113,73	0,15
	900	1,85E-06	81,42	0,11
	950	1,81E-06	84,61	0,12
J	850	0,67E-06	266,41	0,32
	900	0,72E-06	245,81	0,29
	950	1,87E-06	103,03	0,11
M1	850	0,88E-06	201,38	0,24
	900	1,65E-06	102,32	0,13
	950	2,09E-06	69,92	0,10
M2	850	0,45E-06	349,08	0,47
	900	0,77E-06	200,34	0,28
	950	1,90E-06	89,10	0,11
V	850	1,36E-06	115,18	0,16
	900	1,08E-06	144,90	0,20
	950	0,97E-06	155,21	0,22

g - densidad del caudal de vapor de agua; μ - coeficiente de resistencia a la difusión de vapor de agua; **sd** - espesor de la capa de aire equivalente a la difusión del vapor de agua.

Propagación de ondas ultrasónicas (UWP)

Ésta es una excelente forma para determinar las propiedades físicas de las piezas cocidas para obtener información sobre su grado de compacidad, presencia de poros, fisuras, etc. Se debe, no obstante, tener siempre en cuenta que en estas variaciones de velocidad influyen igualmente otros factores, como composición mineralógica, conexiones intercristalinas, densidad, contenido en agua, etc. En piezas acabadas es especialmente útil al obtener esta información de manera no destructiva.

Los yacimientos con un comportamiento más adecuado en lo que respecta a propiedades mecánicas (tabla 15) son aquellos que consiguen una mayor compacidad a menor temperatura, además de los que en general tengan una mayor compacidad, ya que mayor cantidad de material fundido aporta al material una mejor resistencia mecánica.

Siguiendo estas pautas, los yacimientos con mayor compacidad a bajas temperaturas son D3, Dr1 y M1, con valores de velocidad de propagación de ondas ultrasónicas por encima de 2600 m/s, cuando el resto de yacimientos se encuentran alrededor de 1300 m/s, a excepción de B, D1, Cr2, M2 y V, que tienen una velocidad de propagación intermedia, alrededor de 2000-2500 m/s (tabla 13).

A 900 °C los yacimientos que más destacan son Dr1 y Dr2 con velocidades alrededor de 3200 m/s, seguidos por D3 y J (alrededor de 2900 m/s, tabla 13), encontrándose el grueso de los yacimientos en torno a 1500 m/s. De nuevo, en el extremo inferior, CB1, Crd y CRi2 tienen valores próximos a 1000 m/s.

A 950 °C de cocción, Dr1 y Dr2 presentan una compacidad muy por encima del resto de muestras (alrededor de 3500 m/s, tabla 13). A esta temperatura, el rango de velocidad de propagación de la mayoría de yacimientos ronda entre los 1100 y 1500 m/s, volviendo a desmarcarse en el margen intermedio B, D1, D3, G, M2 y V, cuya velocidad se encuentra entre los 2000 y 2500 m/s.

	VELOCIDAD (m/s)			DESVIACIÓN ESTÁNDAR		
MUESTRA	850 °C	900 °C	950 °C	850 °C	900 °C	950 °C
B	2124	2318	2271	1,21	0,84	0,47
BT1	1551	1467	1114	0,62	0,61	0,46
BT2	1314	1437	1446	0,29	0,70	0,97
CB1	1065	1056	1055	0,62	0,72	0,68
CRd	1214	1165	1103	0,92	0,76	0,40
CRi1	1347	1432	1266	0,53	1,11	1,23
CRi2	1134	1154	1145	1,07	0,69	0,81
D1	2321	2362	2139	0,67	0,37	0,75
D2	1302	1473	1518	0,76	0,23	0,42
D3	2699	2908	2340	3,12	0,74	0,80
Dr1	2614	3215	3444	1,70	1,20	0,53
Dr2	2117	3362	3687	1,65	0,28	0,67

Tabla 15. PROPAGACIÓN DE ONDAS ULTRASÓNICAS EN LAS PROBETAS

F	1315	1542	1382	0,60	0,56	0,69
G	1409	1583	1843	0,73	0,26	1,23
J	2633	2830	2781	0,50	0,20	0,34
M1	2635	2531	2786	0,29	0,53	0,53
M2	2344	2484	2597	0,64	0,27	0,48
V	2438	2414	2403	0,18	1,69	0,62

Estos datos nos indican que los yacimientos con peores propiedades mecánicas, son BT1, CB1, CRd y CRi2, mientras los más compactos son Dr1 y Dr2. Sin embargo, esta elevada compacidad ha causado problemas en estos dos yacimientos, como la retención de gases durante la cocción y la formación de corazón negro y fisuras por contracción. De hecho, los yacimientos que más heterogeneidad de resultados presentan son D3, Dr1 y Dr2, precisamente porque su exceso de compacidad ha dado lugar, como veíamos en POM, a la formación de fisuras en su interior. Por otro lado, BT2, pese a su acusada fisuración provocada por el exceso de expansión (tabla 6), vista mediante SEM-EDX (consultar el CD), tiene una Desviación Estándar muy baja, lo que indica que esta fisuración es homogénea y generalizada a toda la pieza. Así, se implica una bajada de la velocidad de propagación que es homogénea en toda la pieza. Igual sucede con CRd, en este caso debido a la gran cantidad de porosidad producida por el exceso de agua de amasado.

Espectrofotometría (SFM)
Este análisis resulta de gran utilidad en el estudio de los materiales cocidos, ya que el color puede aportarnos información importante respecto a sus características de composición y estructura[53]: presencia de ciertos minerales y sustancias colorantes (cantidad de óxidos e hidróxidos de hierro, carbonatos o materia orgánica) y tamaño de grano y textura (que influye en la homogeneidad del color). En definitiva, aporta información relativa a sus características petrográficas. Igualmente, el color, tanto superficial como interno de una pieza, puede indicarnos po-

[53] ALVAREZ y GONZÁLEZ (1994).

sibles deterioros por la presencia de contaminantes atmosféricos o cristalización de sales.

MUESTRA		PROMEDIO SCI (D65)					COL	DESVIACIÓN ESTÁNDAR				
		L*	a*	b*	C*	h°		L*	a*	b*	C*	h°
B	100	61,81	7,03	18,33	19,63	69		0,33	0,18	0,35	0,39	0,14
	850	57,87	15,92	19,26	24,99	50		0,55	0,41	0,25	0,45	0,42
	900	62,22	13,16	15,50	20,34	50		0,98	0,44	0,64	0,65	1,14
	950	61,78	13,53	17,38	22,03	52		1,86	1,05	2,26	2,43	1,46
BT1	100	59,28	15,79	21,74	26,87	54		1,54	0,89	0,34	0,80	1,11
	850	64,13	13,13	16,39	21,01	51		0,01	0,01	0,01	0,01	0,04
	900	62,54	13,76	15,18	20,49	48		0,01	0,00	0,01	0,01	0,01
	950	66,95	10,38	11,71	11,72	16		0,02	0,01	0,01	0,00	0,03
BT2	100	57,24	15,82	20.49	25,89	52		0,41	0,16	0,06	0,14	0,20
	850	60,74	6,94	20,54	21,68	71		0,20	0,16	0,26	0,30	0,20
	900	57,54	17,36	20,99	27,25	50		0,75	0,36	1,33	1,25	1,21
	950	61,17	15,34	17,1	23,02	48		0,01	0,01	0,00	0,01	0,01
CB1	100	56,99	16,84	21,86	27,6	53		0,08	0,25	0,71	0,63	0,86
	850	59,96	15,49	17,79	23,59	49		0,85	0,00	0,93	0,98	0,72
	900	66,67	11,06	16,02	16,12	47		0,00	0,01	0,01	0,01	0,05
	950	58,52	16,81	23,23	28,68	54		0,57	0,37	0,12	0,32	0,05
CRd	100	59,61	12,05	22,03	25,43	62		2,03	5,84	1,04	3,67	5,62
	850	58,61	16,25	22,95	28,12	55		2,35	0,94	0,47	0,73	1,56
	900	53,95	16,77	20,38	26,38	51		0,01	0,01	0,01	0,01	0,01
	950	52,92	17,35	21,90	27,94	51		0,56	0,20	0,21	0,26	0,01
CRi1	100	56,61	15,91	17,57	23,70	48		0,28	0,61	0,81	0,99	0,44
	850	58,06	15,68	21,08	26,27	53		0,02	0,01	0,02	0,02	0,01
	900	62,70	12,70	13,85	18,79	47		0,06	0,01	0,01	0,01	0,02
	950	61,71	13,22	14,29	19,47	47		0,06	0,01	0,01	0,01	0,02
CRi2	100	59,84	15,01	19,96	24,97	53		0,19	0,01	0,19	0,16	0,25
	850	60,79	14,54	19,37	24,23	53		0,02	0,01	0,02	0,02	0,01
	900	64,28	10,67	19,48	22,22	61		0,81	0,55	1,34	1,36	0,32
	950	64,25	10,99	20,78	23,51	62		1,22	0,71	1,32	1,50	0,96
D1	100	62,17	0,57	11,12	11,14	87		0,24	0,01	0,17	0,18	0,07
	850	56,79	15,97	23,08	28,08	55		0,59	0,41	0,39	0,54	0,43
	900	57,69	14,68	20,65	25,36	54		2,97	0,89	2,71	2,67	1,99
	950	58,21	15,13	20,94	25,85	54		2,94	0,94	2,56	2,54	0,26
D2	100	65,16	-0,60	8,92	8,94	94		0,13	0,03	0,42	0,41	0,28
	850	64,28	10,67	19,48	22,22	61		0,81	0,55	1,34	1,36	0,32
	900	60,50	11,66	18,34	21,73	57		1,06	0,49	0,95	0,96	0,68
	950	64,25	10,99	20,78	23,51	62		1,22	0,71	1,32	1,50	0,96
D3	100	68,67	-0,51	9,46	9,47	93		0,67	0,03	0,10	0,10	0,72
	850	64,75	14,50	23,41	27,53	58		0,97	0,47	0,51	0,67	0,17
	900	64,29	14,66	23,58	27,77	58		0,83	0,10	0,32	0,25	0,44
	950	66,99	13,11	21,86	25,48	59		0,76	0,24	0,16	0,25	0,32
Dr1	100	52,01	8,41	16,78	18,78	63		2,01	0,28	0,94	0,97	0,53
	850	50,73	19,38	23,93	30,79	51		0,95	0,52	0,90	1,00	0,54
	900	49,44	18,91	21,56	28,68	49		0,85	1,05	1,40	1,73	0,58
	950	48,48	18,49	20,83	27,85	48		0,65	0,51	0,72	0,87	0,34
Dr2	100	54,52	8,82	16,62	18,81	62		0,23	0,12	0,19	0,23	0,10

Tabla 14. RESULTADOS DE MEDIDAS DE ESPECTOFOTOMETRÍA

	850	51,96	21,17	26,73	34,10	52		0,71	0,23	0,20	0,27	0,19
	900	51,72	21,29	25,86	33,50	50		0,50	0,61	1,63	1,64	1,01
	950	48,61	20,69	22,67	30,69	47		0,39	0,51	0,83	0,95	0,41
F	100	64,67	6,80	19,47	20,62	71		1,23	0,14	0,52	0,54	0,09
	850	66,65	11,52	16,58	20,19	55		1,77	0,76	1,81	1,91	1,15
	900	68,04	11,70	16,36	20,12	54		0,97	0,71	0,93	0,89	2,21
	950	66,60	11,64	15,27	19,20	52		0,53	0,88	1,03	1,35	0,40
G	100	59,94	3,51	19,90	20,21	80		0,57	0,06	0,07	0,08	0,16
	850	55,92	20,21	26,83	33,59	53		1,14	0,51	0,83	0,91	0,59
	900	57,86	21,44	28,79	35,90	53		0,70	0,67	0,81	1,05	0,20
	950	59,28	22,54	30,26	37,73	53		0,53	0,44	0,84	0,93	0,31
J	100	63,04	1,17	10,58	10,65	83		1,36	0,11	0,30	0,30	0,45
	850	57,77	18,27	24,51	30,57	53		1,14	0,14	0,55	0,44	0,67
	900	56,46	17,88	22,11	28,44	51		1,76	0,33	0,46	0,54	0,29
	950	67,56	12,46	18,71	22,48	56		2,17	0,91	0,51	0,90	1,36
M1	100	69,58	0,66	13,30	13,32	87		0,84	0,08	0,23	0,23	0,26
	850	59,92	18,34	25,35	31,29	54		1,26	0,98	1,46	1,76	0,25
	900	61,93	16,50	23,84	29,00	55		1,52	1,10	0,74	1,15	1,28
	950	68,98	11,71	18,87	22,21	58		0,68	0,56	1,16	1,28	0,41
M2	100	70,66	1,64	15,87	15,96	84		0,85	0,03	0,11	0,11	0,05
	850	61,39	16,58	22,26	27,76	53		0,98	0,86	1,86	2,01	0,86
	900	63,48	16,18	23,72	28,72	55		1,52	0,45	0,80	0,45	1,58
	950	68,22	13,04	21,92	25,51	59		1,47	0,97	0,76	1,10	1,21
V	100	65,76	2,09	12,29	12,46	80		0,98	0,86	1,86	2,01	0,25
	850	59,57	16,28	22,20	27,53	53		1,52	0,45	0,80	0,45	1,17
	900	59,24	16,15	20,66	26,22	51		1,47	0,97	0,76	1,10	1,01
	950	60,41	15,71	21,60	26,71	53		0,63	0,07	0,15	0,16	1,01

Toda la información que no se apunta aquí, junto con otras características más específicas y el color real de las probetas se pueden consultar en el CD adjunto. L: luminosidad; a* y b*: parámetros de cromaticidad; C: saturación; h°: tono.

El color de la terracota depende tanto de la composición química y mineralógica de la arcilla de origen como de la temperatura de cocción y atmósfera del horno, así como, en cierto grado, del nivel de reactividad de la terracota a estos factores por otras causas como la granulometría. En general, lo que más influye en el color es la proporción de carbonatos y óxidos/hidróxidos de hierro, que le aportan respectivamente una tonalidad amarillenta-blanquecina o roja. Esto se debe a que los carbonatos promueven la formación de silicatos cálcicos como la gehlenita, quedando el hierro atrapado en la estructura de estos nuevos minerales[54], lo

---

[54] KREIMEYER (1987); MANIATIS et alii (1981); KLAARENBEEK (1961).

cual impide que cristalice la hematites, el mineral que confiere la típica pigmentación roja a las piezas.

Observando las probetas crudas y cocidas es evidente que, una vez cocidas, todas ellas evolucionan hacia colores rojos y amarillos, saliéndose de esta pauta solamente F (tabla 14). También se dan diferencias cromáticas importantes entre las tres temperaturas de cocción, siendo G la muestra que se distingue más por su saturación y viveza de color, y F precisamente por lo contrario, muestra un color más agrisado que las demás probetas. El descenso general de a* y b* se debe a la escasa cristalización del hierro presente en la matriz y en los filosilicatos en hematites[55].

La tendencia general es un oscurecimiento progresivo según aumenta la cantidad de fundido (algo que ocurre en Dr1 y Dr2), o que aumente progresivamente la luminosidad debido a la cantidad de carbonatos presentes en la materia prima (D1, G, M1, M2). Del mismo modo, respecto a la tonalidad, la influencia de los carbonatos es clara en el progresivo agrisado de las probetas conforme aumenta la temperatura de cocción; adquiriendo valores de rojo más intensos a mayor temperatura solamente en Dr1 y G, debido a su composición.

Los yacimientos más homogéneos en color son D1, D2, F y V, siendo F el que prácticamente no varía de color, y B, BT2, J, M1 y M2 los que más diferencias presentan, principalmente BT2.

Los valores de desviación estándar (tabla 14) más altos corresponden generalmente a la luminosidad (L*) y la saturación (C*). Esto puede deberse a la presencia de pequeñas imperfecciones en la superficie de las muestras como moteados o irregularidades texturales.

Respecto a la variabilidad de color exterior-interior de ciertas probetas, está claro que aquellas muestras más densas son las que han producido corazón negro (Dr1 y Dr2), y los corazones de tonalidad más oscura (BT2 y CRi2). Por el contrario, en CB1 y J se forma un corazón bastante más claro, causado por una menor transformación de los carbonatos en el interior de la probeta.

---

[55] KREIMEYER (1987); MANIATIS et alii (1981); KLAARENBEEK (1961).

4. Conclusiones

Gracias a la revisión bibliográfica y a las fuentes escritas se han podido localizar gran cantidad de los yacimientos de tierras arcillosas de la provincia de Granada que pudieron ser utilizados para la elaboración de patrimonio histórico realizado en arcilla cocida; si bien el desuso en el que han caído muchos de ellos (El Fargue, Beiro ...) y el cambio de ubicación de los actuales centros de extracción respecto al pasado (Víznar, Jun...) han hecho difícil (que no imposible) poder localizar el material de origen real.

Por otro lado, la comparación con aquellos yacimientos granadinos que se usaron en alfarería fina (Cuevas de Ravé, Cerro de las Barreras o Guadix) con otros explotados para fines constructivos (Diezma, Monachil) ha servido para proponer un mapa completo de las materias arcillosas de la provincia y comprobar las diferencias sustanciales entre unos y otros.

De forma más concreta, el estudio de los yacimientos granadinos ha dejado patente la naturaleza calcárea de las arcillas extraídas, identificada por XRD y XRF en el análisis de la arcilla cruda, y la variabilidad en la naturaleza de la fracción arcilla entre unos yacimientos y otros.

También se encuentra esta variedad en las propiedades físicas de las arcillas, tales como la necesidad de agua de amasado o los procesos de pérdida de peso y contracción por secado y cocción, datos que han permitido clasificar el material de base por su propio comportamiento tecnológico, y documentar las alteraciones que se pueden provocar en las fases tempranas de la vida de un material construido, enlazando estas alteraciones directamente con sus causas.

A priori, los principales problemas, posiblemente expresados a lo largo de la evolución material de las piezas construidas con arcillas granadinas, serán la existencia de caliches por la elevada cantidad de carbonatos en todas ellas; posibles problemas de durabilidad del soporte, si éste ha sido cocido a bajas temperaturas, debido a la abundante presencia en todos ellos de arcillas hinchables (exceptuando Guadix), y la aparición de fisuras y grietas por contracción en aquellas terracotas elaboradas con arcillas de Diezma, Cerro de las Barreras y Barranco del Tejar.

Esta caracterización de la materia cruda nos informa de ciertos elementos que pueden ser marcadores del origen del material arcilloso, como es el contenido de yeso en Jun y Monachil 2, de estroncio en Jun, vanadio en Monachil 1, níquel en Diezma roja 1 y 2, o la existencia de paligorskita solamente en Beiro, o de clorita hinchable en Beiro y Diezma.

El estudio de las terracotas elaboradas procedentes de estos yacimientos también ha sido revelador, pudiendo componer una base de datos completa sobre los comportamientos y las propiedades físicas y composición mineralógica del rango de temperatura más habitual en el que se cocían los productos cerámicos en hornos tradicionales y para el uso tanto doméstico como constructivo, alfarero o artístico. Esta gama de patrones de terracota sirve como elemento de comparación para la identificación de las posteriores piezas, en las que será más fácil reconocer grados de cocción, niveles de vitrificación y transformación de fases minerales por comparación con probetas-patrón.

Éste es el caso, principalmente, de la observación por POM y SEM-EDX, que han permitido documentar la evolución material de las terracotas a las distintas temperaturas de cocción, la mayor o menor reactividad de la arcilla al calor, dependiendo principalmente de la granulometría y, en los casos de Diezma roja, de la composición. También mediante EDX se han identificado otras fases minerales que pueden servir de elemento marcador de ciertos yacimientos y que no habían sido apreciados por XRD, completando los datos obtenidos. Es el caso de la identificación de ilmenita como mena metálica principal y más abundante en Diezma y Monachil 1.

A destacar la presencia de tierras raras, como la monacita, la allanita o la xenotima, en Barranco del Tejar, Cuevas de Ravé, Diezma, Cerro del Oro, Barranco de Espantazorras, Barranco de Cenes, Jun y Monachil.

Otro elemento marcador de gran relevancia para Granada es el oro, detectado en las muestras del Cerro del Oro, que también servirá como identificador del uso de las arcillas procedentes de los lavaderos de minas de oro de la provincia.

La caracterización del sistema poroso mediante HT y MIP ha servido también para establecer indirectamente la durabilidad de las piezas cocidas resultantes de los distintos yacimientos, estableciendo una relación directa entre los grados de vitrificación observados por POM y SEM-EDX con el comportamiento que tendrán éstas respecto a los fluidos.

El ensayo de WVP aporta los niveles de movimientos de absorción-desorción de vapor de agua en el seno de las piezas cocidas, lo cual es significativo para las piezas de carácter histórico-artístico y su conservación en espacios cerrados, afectando, como sucede con la absorción de agua, a su durabilidad por retención de humedad y/o remoción de elementos constitutivos o alterantes.

En cuanto a la medición del color por SFM, se ha conseguido, igualmente, una base de datos sobre los colores de las terracotas de estos yacimientos, con la conclusión general de que los colores más claros suelen corresponderse con las temperaturas de cocción más elevadas en los tipos de terracotas más calcáreas.

Bibliografía

ÁLVAREZ DE BUERGO BALLESTER, M. y GONZÁLEZ LIMÓN, T., 1994 "Restauración de edificios monumentales", Ed. CEDES.

AMORÓS, J. L., ORTS, M. J., 2001 "La cocción. La última etapa del proceso cerámico" en Materias Primas y Métodos de Producción de Materiales Cerámicos, pp.116-133.

Asociación de Ceramología, 1992 "Tecnología de la cocción cerámica desde la antigüedad a nuestros días", Ed. Asociación de Ceramología, Alicante.

BARAHONA, E., 1974 "Arcillas de ladrillería de la provincia de Granada" Tesis doctoral, Universidad de Granada.

BERMÚDEZ SÁNCHEZ, C.; CULTRONE, G. y RUEDA QUERO, L., 2015 "Métodos de análisis para el estudio de caracterización y deterioro de la obra de arte realizada en terracota policromada. Aplicación práctica", en BUESO, M. (dir.) "La Ciencia y el Arte V. Ciencias experimentales y conservación del patrimonio", Ed. Ministerio de Educación, Cultura y Deporte, pp. 199-222.

BERSON, F.; LABBÉ, L.; BAZELAIRE, H., 1997, "Statuaire de terre cuite polychorme de la région du Mans el d'Angers: une technique complexe" en Conservation et Restauration du Patrimoine Culturel, nº 3, dossier "La statuaire en terre cuite" pp. 14-18.

BUENO, S. y ÁLVAREZ DE DIEGO, J., 2008 "Estudio de caracterización, Tecnología de materias primas cerámica" Ed. Junta de Andalucía, Consejería de Innovación, Ciencia y empresa, Jaén.

BREARLY, A.J. y RUBIE, D.C., 1990 "Effects of H_2O on the disequilibrium breakdown of muscovite + quartz", en "American Ceramic Society", nº 31, pp. 925-956.

CANO PIEDRA, J.L. y GARZÓN CARDENETE, J.L., 2004 "La cerámica en Granada", Ed. Diputación Provincial de Granada.

CARRETA, A. y GIOVANNONE, C., 1989 "Alterazione dei protettivi e fissativi sintetici apllicati sui supporti porosi interessati da fenomeni di migrazione e cristallizzazione di salti solubili: simulazioni sperimentali in laboratorio", en I Simposio Internazionale: La conservazione dei monumenti nel bacino del Mediterraneo - Bari, pp. 503-509.

CERDEÑO DEL CASTILLO, J.; DÍAZ RUBIO, R.; OBIS, J.; PÉREZ LORENZO, A. y VELASCO VÉLEZ, J., 2000, "Manual de patologías de las piezas cerámicas para la construcción". Ed. AITEMIN-Centro Tecnológico de la Arcilla Cocida / patrocinio de la JCCLM y Fondo Social Europeo.

CULTRONE, G., 2001, "Estudio mineralógico-petrográfico y físico-mecánico de ladrillos macizos para su aplicación en intervenciones del patrimonio histórico", Tesis Doctoral, Universidad de Granada.

CULTRONE, G.; SEBASTIÁN, E.M.; ELERT, K.; DE LA TORRE, M.J.; CAZALLA, O. y RODRÍGUEZ-NAVARRO C., 2004 "Influence of mineralogy and firing temperature on the porosity of bricks" en Journal of The European Ceramic Society, vol. 24, nº 3, pp. 547-564.

CULTRONE, G.; RODRIGUEZ-NAVARRO, C.; SEBASTIAN PARDO, E.; CAZALLA, O.; DE LA TORRE, M. J., 2001, "Carbonate and silicate phase reactions during ceramic firing", en European Journal of Mineralogy, vol. 13, nº 3, pp. 621-634.

CULTRONE, G.; BERMÚDEZ SÁNCHEZ, C. y RUEDA QUERO, L., 2017 "Métodos de análisis y caracterización de materiales", en BERMÚDEZ SÁNCHEZ, C. (coord.) "El escultor Francisco Morales y la restauración de sus modelos clínicos en terracota de la Universidad de Granada", Ed. EUG, pp. 69-88.

EVERHART, J.O., 1957 "Use of auxiliary fluxes to improve structural clay bodies", en Bulletin American Ceramic Society, nº 36, pp.268-271.

FABBRI, B. 1996 "Processi di lavorazione e rivestimenti ceramici", en VACCARI (ed.) "La scultura in terracota. Tecniche e conservazione", OPD, Florencia, pp. 25-33.

FARALDOS, M. y GOBERNA, C., 2011 "Técnicas de Análisis y caracterización de materiales" Ed. Biblioteca de Ciencias y CSIC, Granada.

FLORES ALÉS, V., 1999 "Estudio, caracterización y restauración de materiales cerámicos", Ed. Universidad de Sevilla, Sevilla.

GALLEGO Y BURÍN, 1925 "José de Mora", Anales de la Facultad de Letras.

GARCÍA-PULIDO, L. J., 2008 "Análisis evolutivo del territorio de la Alhambra. El Cerro del Sol en la Antigüedad Romana y en la Edad Media", http://digibug.ugr.es/handle/10481/1864.

GARCÍA-PULIDO, L. J., 2013 "El territorio de la Alhambra: evolución de un paisaje cultural remarcable", Ed. Universidad de Granada.

GARZÓN CARDENETE, J.L., 2004 "Cerámica de Fajalauza", Ed. Garzón Cardenete, Granada.

GREDMAYER, L.; BANKS, C.J. y PEARCE, R.B., 2011, "Calcium and sulphur distribution in fired clay bricks in the presence of a black reduction core using micro X-ray fluorescence mapping", en Construction Building Materials, vol.25, pp.4477–4486.

KENNETHS, G.; COOK, W. H.; PATTER, R. A. y PALMOUR, H., 1953 "Effect of TiO_2, Fe_2O_3 and alkali on mineralogical and physical properties of mullite-type and mullite forming Al_2O_3-SiO_2 mixtures (I)", en Journal of American Ceramic Society, nº 36, pp. 349-356.

KLAARENBEEK, F.W., 1961 "The development of yellow colours in calcareous bricks", en Transaction British Ceramic Society, nº 60, pp. 738-772.

KORNMANN, M., 2009 "Matériaux de terre cuite: Propriétés et produits" en Techniques de l'Ingénieur. Construction, vol. CB1, nº C905 v2.

KREIMEYER, R., 1987 "Some notes on the firing colour of clay bricks", en Applied Clay Science, nº 2, pp. 277-279.

LAIRD, R.T., WORCESTER, M., 1956 "The inhibiting of lime blowing" en Transactions of the British Ceramic Society, vol. 55, pp. 545–563.

MANIATIS, I.; SIMOPOULOS, A. y KOSTIKAS, A. 1982 "The investigation of ancient ceramic technologies by Mössbauer spectroscopy" en Archaeological Ceramics, pp. 97-108.

MARITAN, L.; NODARI, L.; MAZZOLI, C.; MILANO, A. y RUSSO, U., 2006 "Influence of firing conditions on ceramic products: experimental study on clay rich in organic matter", en Applied Clay Science, vol. 31, pp. 1–15.

MEGÍAS LÓPEZ, R. 1990 "Tradición y técnica de la Terracota en Andalucía" Tesis Doctoral defendida en el Dpto. de Pintura, Universidad de Granada.

MEKKI, H.; ANDERSON, M.; BENZINA, M. y AMMAR, E., 2008 "Valorization of olive oil mil wastewater by its incorporation and building bricks", en Journal of Hazarous Materials, vol. 158, pp. 308-315.

MORALES GÜETO, J., 2005 "Tecnología de los materiales cerámicos", Ed. Díaz de Santos, Madrid.

MORENO PÉREZ, S.; ORFILA PONS, M.; SÁNCHEZ LÓPEZ, E.H., 2017, "Cartuja desde la Prehistoria hasta el final del Mundo Antiguo en Crónica de un Paisaje, Descubriendo el Campus de Cartuja. Ed. Universidad de Granada. Catálogo de la exposición, pp. 19-25.

NÚÑEZ, R.; DELGADO, A.; DELGADO, R., 1992 "The sintering of calcareous illitic ceramics, en Application in Archarological Research. Electron Microscopy, nº2, EUREM 92, Granada, pp. 795-796.

OROZCO DÍAZ, E., 1936 "Los Hermanos García, escultores del Ecce-Homo", en Cuadernos de Arte, vol. 1.

OROZCO DÍAZ, E., 1941 "La escultura en barro en Granada", en Cuadernos de Arte, vol. VI.

OROZCO DÍAZ, E., 1956 "Los barros de Risueño y la estética granadina" en Revista de Arte Goya, n°14.

ORUETA y DUARTE, 1914 "La vida y la obra de Pedro de Mena y Medrano", Ed. Junta para la ampliación del Estudio e Investigación Científicas, Madrid.

PADOA, L., 1971 "Cottura dei prodotti ceramici" Ed. Faenza, Faenza.

PAVÍA, S., 2006 "The determination of brick provenance and technology using analytical techniques from the physical sciences", en Archaeometry, vol. 48, pp. 201–218.

PIRES CÉSAR CENOTILHO, M.H., 2003 "Processos de cozedura em cerâmica", Ed. Instituto Politécnico de Bragança, vol. 60.

RAMOS SAINZ, M.L., 1999, "Terracotas y elementos de coroplastia", en Cerámicas Hispanorromanas. Un estado de la Cuestión, pp. 775-785.

RODRÍGUEZ AGUILERA, A., 2023, Tejares y Ollerías de Granada en los documentos siglos XVI al XX. Catálogo de la Exposición, Museo Casa de los Tiros, Granada, Ed. Junta de Andalucía.

RODRÍGUEZ AGUILERA, A. y BORDES GARCÍA, S., 2001, "Precedentes de la cerámica granadina moderna: alfareros, centros productores y cerámica", en Cerámica Granadina, siglos XVI-XX, Catálogo de la Exposición, pp. 51-116.

RODRÍGUEZ NAVARRO, C.; KUDLACZ, K. y RUIZ AGUDO, E., 2012 "The mechanism of thermal decomposition of dolomite: new insights from 2D-XRD and TEM analyses", en American Mineralogist, n°97, pp.38-51.

RODRIGUEZ NAVARRO, C.; RUIZ AGUDO, E.; LUQUE, A.; RODRIGUEZ NAVARRO, A.B. y ORTEGA HUERTAS, M., 2009 "Thermal decomposition of calcite: mechanisms of formation and textural evolution of CaO nanocrystals", en American Mineralogist, nº94, pp. 578–593.

RUEDA QUERO, L., 2016, "Propuesta y establecimiento de un protocolo de actuación para el estudio de la terracota como soporte de la escultura policromada, su evolución y alteraciones del comportamiento material en los procesos de envejecimiento natural", Tesis Doctoral, Universidad de Granada, s. e.

ROSENTHAL, E., 1958 "Alfarería y cerámica", Ed. Reverte, Barcelona.

SAIAH, R.; PERRIN, B. y RIGAL, L., 2010 "Improvement of thermal properties of fired clays by introduction of vegetable matter", en Journal of Building Physics, vol. 34, pp. 124-142.

SÁNCHEZ, C. J., 2001 "El Procesado Cerámico", en Materias Primas y Métodos de Producción de Materiales Cerámicos, pp.96-115.

SÁNCHEZ-MESA, D., 1971 "Técnica de la escultura policromada granadina", Ed. Universidad de Granada.

SEGNIT, E.R. y ANDERSON, C.A., 1972 "Scanning electron micros-copy of fired illite", en Transactions of British Ceramic Society, nº 71, pp. 85-88.

SINGER, F. y SINGER, S.S., 1963 "Industrial Ceramics", Ed. Chap-man & Hall Ldt., London.

SORIA, J.M. y VISERAS, C., 2008 "La Cuenca de Guadix. Rasgos geológicos generales", en ARRIBAS, A. (ed.) "Vertebrados del Plioceno superior terminal en el suroeste de Europa: Fonelas P-1 y el Proyecto Fonelas, en Cuadernos del Museo Geominero, nº 10, pp. 3-19.

TITE, M.S., 1972 "Methods of Physical Examination in Archaeology", Seminar Press, London.

VILLANUEVA RICO, M.C., 1961 "Habices de las mezquitas de la ciudad de Granada y sus alquerías", Madrid, pp.37-38.

VISERAS, C., SORIA, J.M., DURÁN, J.J. Y ARRIBAS, A., 2004a "Condicionantes geológicos para la génesis de un yacimiento de grandes mamíferos: Fonelas P-1 (límite Plio-Pleistoceno, Cuenca de Guadix-Baza, Cordillera Bética)" en Boletín Geológico y Minero, n 115, vol. 3, pp. 551-565.

VISERAS, C., SORIA, J.M., DURÁN, J.J. Y ARRIBAS, A., 2004b "Contexto geológico y sedimentario del yacimiento de grandes mamíferos Fonelas P-1 (Cuenca de Guadix, Cordillera Bética", en Geotemas, nº5, pp. 247-250.

WAHL, F.M., 1965 "High-temperature phases of tree-layer clay minerals and their interactions with common ceramic materials", en American Ceramic Society Bulletin, nº 44, pp. 676-681.

WENG, C.-H.; LIN, D.-F. y CHIANG, P.-C., 2003 "Utilization of sludge as brick materials", en Advances in Enviromental Research, vol.7, pp. 679-685.

Agradecimientos

Agradecemos especialmente la ayuda recibida por Nicolás Velilla Sánchez en la identificación de las muestras por microscopía óptica de polarización. A los profesores Antonio Sánchez Navas, Agustín Martín Algarra y Fernando Gervilla Linares por compartirnos sus amplios conocimientos en tierras raras en las formaciones geológicas granadinas. A Eduardo Molina Piernas por su inestimable y desinteresada ayuda en la aplicación y uso del instrumental y equipo técnico necesarios para la completa caracterización de los yacimientos de arcillas. A Luis José García Pulido, cuya información y consejos profesionales nos aportó una mayor efectividad y fiabilidad para la ubicación de yacimientos de arcillas poco conocidos y prácticamente perdidos en el tiempo.

A las empresas "Grupo Siles", "Cerámicas San Francisco" y al Sr. Fernández Mesa por su disposición para acceder a sus instalaciones y extraer muestras.

Igualmente agradecer enormemente la participación de manera desinteresada de los profesionales que han realizado los diferentes prólogos a este trabajo: Sara Navarro García, Delegada de Granada de CEMOSA; Ginés Méndez Valverde, LORQUIMUR S. L. CONSERVACIÓN Y RESTAURACIÓN; José Javier Gómez Jiménez, Historiador del Arte, Técnico de Patrimonio Histórico y Tasador de Arte, Julia Ramos Molina, Restauradora de Bienes Culturales, JULIA RAMOS RESTAURACION DEL PATRIMONIO S.L.; Isabel García Fernández, Museóloga, Universidad Complutense de Madrid; Jesús Bermúdez Sánchez, Arqueólogo, Técnico de Patrimonio Histórico, Comunidad de Madrid; María Perlines Benito, Arqueóloga, Técnica arqueóloga JCCM, J.S. Museos, Exposiciones y Difusión del Patrimonio Cultural, JCCM; Eduardo Sebastián Pardo, Catedrático de Universidad, Departamento de Mineralogía y Petrología de la Universidad de Granada.

Financiación y desarrollo

Los estudios analíticos llevados a cabo han sido realizados en el Centro de Instrumentación Científica y en el Departamento de Mineralogía y Petrología de la UGR.
Trabajo cofinanciado por el Proyecto de Investigación I+D+i, HAR2012-239512: Proyecto Terránica y el Proyecto de Investigación I+D MAT2012-34473, ambos del Ministerio de Economía y Competitividad.

Relación de la información aportada en formato CD

Dadas las características propias en una publicación con este doble formato, texto impreso y en CD, nos vemos en la necesidad de determinar qué tipo de información se aporta en cada soporte. Para una mejor comprensión del global, se ha preferido incluir la documentación completa en el CD, dejando para la parte impresa una síntesis de las conclusiones más interesantes. Esto permitirá comprender y conocer el global de la información extraída, por un lado mediante la revisión exclusiva del texto y, por otro, economizar costes aportando en un CD toda la información que, de otra manera, encarecería y engrosaría enormemente una publicación íntegramente impresa, principalmente por la gran cantidad de documentación gráfica y fotográfica a manejar derivada de la realización de los distintos estudios analíticos. Información sin la cual no podemos respaldar los resultados que se aportan en la parte impresa y que, al mismo tiempo, servirán para que otros trabajos e investigaciones puedan extraer aquellas interpretaciones que consideren más específicas según el estudio que necesiten llevar a cabo en casos concretos, o ampliar las conclusiones aquí aportadas partiendo de lo realizado hasta el momento y con los medios e instrumental a nuestro alcance.

Los resultados obtenidos se reflejan de manera integral en el CD adjunto con el objeto de que se pueda acceder a ellos más fácilmente y darles una mayor difusión. De igual manera, cada usuario puede extraer la información según precise, y realizar los estudios comparativos de manera individualizada y/o aleatoria.

En el CD, por tanto, se ha considerado mantener todo el texto íntegro, aportando desde las especificaciones propias sobre cada yacimiento, el desglose de las formaciones geológicas, coordenadas geográficas, ubicación en el mapa geológico nacional, entorno geológico, cronología de uso, tipología, metodología específica tanto de la conformación de probetas como de cada analítica realizada sobre arcilla cruda y en material cocido; llegando hasta la inclusión, con alta resolución y a todo color, de todas las imágenes, tablas, gráficas, difractogramas y demás diagramas de datos para apoyar la interpretación y facilitar nuevas y futuras deducciones. De esta manera se puede acceder a todos los datos numéricos y resultados derivados del estudio y caracterización de los yacimientos de la provincia de Granada que se han analizado.

Los correspondientes estudios comparativos están organizados según cada método de estudio, y no de manera individualizada por yacimiento. Estos resultados, por tanto, ponen de manifiesto la oportunidad y eficacia de lo que puede ser el resultado final, cuando se extrapolen de manera individualizada.

Índice general

Prólogos 11
Prólogo 23
INTRODUCCIÓN 25
1. LOCALIZACIÓN DE YACIMIENTOS 35
    1.1. GRANADA CAPITAL 37
        -Camino de Víznar.. 39
        -Camino Viejo de el Fargue...................................... 40
        -Canteras de Jun 40
        -Cerro de las Barreras 40
        -Cuevas de Ravé 41
        -Río Beiro 41
    1.2. NORTE DE GRANADA 42
        -Diezma 42
        -Guadix 42
    1.3. SURESTE DE GRANADA 43
        -Monachil 43
    1.4. ESTE DE GRANADA 44
        -Barranco de Cenes 44
        -Barranco de Espantazorras 45
        -Cerro del oro 45
2. ELABORACIÓN DE LAS PROBETAS 47
    2.1. JUSTIFICACIÓN DE LA CONFORMACIÓN DE
    PROBETAS 47
    2.2. EXTRACCIÓN DE TIERRAS ARCILLOSAS 48
    2.3. PROCESADO DE LA ARCILLA Y ELABORACIÓN
    DE PROBETAS... 51
    2.4. DISCUSIÓN DE RESULTADOS 55
3. ANÁLISIS Y CARACTERIZACIÓN 57
    3.1 CARACTERIZACIÓN DE LA MATERIA CRUDA.......... 58
    Difracción de Rayos X 58

Agua de amasado 63

Pérdida de peso 65

Contracción lineal 66

3.2. CARACTERIZACIÓN DE PROBETAS COCIDAS 67

Fluorescencia de Rayos X 67

Difracción de Rayos X 70

Microscopía óptica de polarización....................................73

Microscopía electrónica de barrido de alta resolución
-microanálisis por energía de dispersión de rayos X 75

Ensayos hídricos 79

Porosimetría de inyección de mercurio 82

Permeabilidad al vapor 84

Propagación de ondas ultrasónicas 86

Espectrofotometría 88

4. CONCLUSIONES 93

BIBLIOGRAFÍA 97

AGRADECIMIENTOS...105

FINANCIACIÓN Y DESARROLLO 106

RELACIÓN DE LA INFORMACIÓN APORTADA EN CD 107

Índice del CD adjunto

Relación de la información aportada en formato CD 13
Presentación 14
Prólogos...27
INTRODUCCION 29
1. Localización de yacimientos..34
  -Geología del área fuente de las materias primas 34
    1.1. Granada Capital 36
      -Camino de Víznar 39
      -Río Beiro 40
      -Jun 40
      -Camino Viejo de El Fargue 41
      -Barranco del Tejar 43
      -Cerro de las Barreras 44
      -Cuevas de Ravé 44
    1.2. Norte de Granada 45
      -Guadix 48
      -Diezma 48
    1.3. Sureste de Granada 49
      -Monachil 51
    1.4. Este de Granada 52
      -Barranco de Cenes 54
      -Barrando de Espantazorras 54
      -Cerro del Oro 55
2. Elaboración de las probetas 57
  2.1. Justificación de la conformación de probetas 57
    -Extracción de muestra 58
    -Procesado de la arcilla 58
    -Conformación de las probetas 59
    -Cocción 60
  2.2. Elaboración de las probetas 60

-Extracción de muestra 60

-Procesado de la arcilla 62

-Conformación de las probetas 63

-Cocción 65

2.3. Resultados 66

2.4. Discusión de resultados 69

3. Caracterización de la materia prima arcillosa 71

   3.1. Difracción de Rayos-X 72

   -Muestra total sin procesar y procesada 74

   -Fracción arcilla 90

   3.2. Agua de amasado 103

   3.3. Pérdida de peso por cocción 105

   3.4. Contracción lineal 107

4. Caracterización de las probetas 110

   4.1. Fluorescencia de Rayos-X 110

   4.2. Difracción de Rayos-X 114

   4.3. Microscopía Óptica de Polarización 129

   4.4. Microscopía Electrónica de Barrido de Alta
      Resolución- Microanálisis por energía de dispersión
      de rayos X 167

   4.5. Ensayos Hídricos 225

   4.6. Porosimetría de Inyección de Mercurio 236

   4.7. Permeabilidad al vapor de agua 247

   4.8. Propagación de Ondas Ultrasónicas 252

   4.9 Espectrofotometría 256

5. CONCLUSIONES 264

BIBLIOGRAFÍA 266

AGRADECIMIENTOS 272

FINACIACIÓN Y DESARROLLO 272